豆类蔬菜科学施肥技术

华则科　隋好林　初晓明　主编

U0306878

中国农业科学技术出版社

图书在版编目（CIP）数据

豆类蔬菜科学施肥技术／华则科，隋好林，初晓明主编 . —北京：中国农业科学技术出版社，2019.4

ISBN 978-7-5116-4125-0

Ⅰ.①豆… Ⅱ.①华…②隋…③初… Ⅲ.①豆类蔬菜-施肥 Ⅳ.①S643.06

中国版本图书馆 CIP 数据核字（2019）第 060777 号

责任编辑	贺可香
责任校对	贾海霞

出 版 者	中国农业科学技术出版社
	北京市中关村南大街 12 号　邮编：100081
电　　话	（010）82106638（编辑室）　（010）82109702（发行部）
	（010）82109709（读者服务部）
传　　真	（010）82106650
网　　址	http://www.castp.cn
经 销 者	各地新华书店
印 刷 者	北京建宏印刷有限公司
开　　本	850mm×1 168mm　1/32
印　　张	5.75
字　　数	150 千字
版　　次	2019 年 4 月第 1 版　2020 年 7 月第 2 次印刷
定　　价	26.00 元

《豆类蔬菜科学施肥技术》
编委会

主　编：华则科　隋好林　初晓明

副主编：贺　红　柳玉龙　崔　瑛　王添翼

　　　　迟照芳　刘　伟

参　编：宫钦晓　吴　昊　位国臣　姜　华

　　　　刘中奇　史　升　于少利　张洪立

　　　　王恒义　李　勇　孙丰宝

前　言

　　豆类蔬菜主要包括菜豆、豇豆、豌豆、扁豆、蚕豆、大豆等，在整个蔬菜生产中占有重要地位，有着其他蔬菜品种不可替代的作用。大部分人只知道它们含有较多的优质蛋白和不饱和脂肪酸，矿物质和维生素含量也高于其他蔬菜，却不知道它们还具有重要的药用价值。中医认为，豆类蔬菜的共性是性平、有化湿补脾的功效，对脾胃虚弱的人尤其适合。豆类蔬菜分为蔓生种、半蔓生种和矮生种，种类之间需肥量差异很大。种植者要获得豆类蔬菜生产的优质、高产、高效，掌握科学的施肥技术是关键。

　　本书详细介绍了科学施肥的基本原理、常用的肥料、豆类蔬菜科学施肥的方法和原则，以及菜豆、豇豆、豌豆的科学施肥技术，内容全面系统，文字通俗易懂，技术科学实用，可为豆类蔬菜种植者获得高产、优质、高效生产提供参考和帮助。

编　者

2019 年 3 月

前　言

2013 年 4 月

目　　录

第一章 科学施肥的基本知识

第一节 植物必需营养元素的概念、种类

一、概念

植物的组成十分复杂，一般新鲜植物中含水分75%~95%，干物质5%~25%。若把干物质煅烧，就可以证明组成植物的主要元素是碳、氢、氧、氮，它们约占干物质的95%。植物体燃烧后的残留部分称为灰分，占干物质的5%左右，主要元素有磷、钾、钙、镁、硫、铁、锰、锌、铜、钼、硼、氯、硅、钠、钴、硒、铝等。采用现代分析技术测定表明，在植物体内可以检出70余种矿质元素，化学元素周期表中，除惰性气体、铀后面元素以外的化学元素，包括贵金属金和银，几乎都能在植物体内找到，但是它们并非全部都是植物生长所必需的营养元素，实验证明，植物体内的营养元素的有无及含量多少，并不能判定营养元素是否是植物必需的，因为植物同时也会吸收一些它并不需要的元素，甚至有可能是有毒害作用的元素。

植物正常生命活动所必需，并同时符合下列条件的化学元素，才能称为植物必需营养元素。

1. 这种化学元素对所有植物的生长发育是不可缺少的。缺

少这种元素，植物就不能完成其生命周期，对高等植物来说，即由种子萌发到再结出种子的过程。

2. 缺乏这种元素后，植物会表现出特有的症状，而且其他任何一种化学元素都不能代替其作用，只有补充这种元素后症状才能减轻或消失。

3. 这种元素必须是直接参与植物的新陈代谢，对植物起直接的营养作用，而不是改善环境的间接作用。

凡是同时符合以上 3 个条件者，均为必需营养元素。目前已证明为植物生长所必需的营养元素有：碳（C）、氢（H）、氧（O）、氮（N）、磷（P）、钾（K）、钙（Ca）、镁（Mg）、硫（S）、硼（B）、锌（Zn）、铁（Fe）、锰（Mn）、铜（Cu）、钼（Mo）、氯（Cl）共 16 种，现在也有学者提出镍（Ni）是第 17 种必需营养元素。

随着科学技术特别是分析化学技术的发展，在 16 种必需营养元素之外，还有一类营养元素，它们对某些植物的生长发育具有良好的作用，或为某些植物在特定条件下所必需，如藜科植物及芹菜需要钠，豆科植物根瘤固氮需要钴，蕨类植物和茶树需要铝，硅藻和水稻都需要硅，紫云英需要硒，多种农作物需要稀土等。但限于目前的科技发展水平，还没有证实它们是否是高等植物普遍所必需，人们称之为有益元素（Beneficial element）。

二、分类

植物所必需的营养元素虽然多达 16 种，但并不是等量地被植物所吸收，不同的营养元素在植物体内的含量不同。根据各种营养元素在植物体内的含量多少，可分为大量营养元素、中量营养元素和微量营养元素 3 类。

（一）大量营养元素

又叫常量营养元素，一般植物对它们的需要量较多，有碳、氢、氧、氮、磷、钾6种，它们的含量占作物干重的百分之几到千分之几，如一般作物含氮为干物重的0.3%~5%。

碳、氢、氧这3种元素可以从二氧化碳和水中获得，通过光合作用转化为简单的碳水化合物，再一步步生成淀粉、纤维素或生成氨基酸、蛋白质、原生质，还可能生成其他物质。一般认为，这些元素是非矿质元素。人们对这些元素不太容易控制。植物所需水分一般来自降水、地表水和地下水。干旱缺水时，人们可以通过灌溉补充一些水分，渍涝时挖渠排掉一部分过剩的水，在一定程度上调控植物需要的水。二氧化碳来自空气，人们除了对生长在温室中的植物能够补充一些二氧化碳外，对露天种植的作物还无法控制二氧化碳的供应。所以在考虑营养元素时一般不考虑它们。

氮、磷、钾三元素主要从土壤中获得，但土壤中可提供的有效含量又比较少，通常需通过施肥才能满足作物生长的需要。因此，被称为"作物生长三要素"或者"肥料三要素"。

（二）中量营养元素

一般植物对中量营养元素的需要介于大量营养元素和微量营养元素之间，主要是钙、镁、硫3种，它们的含量占植物干重的千分之几至万分之几。通常将含有这些元素的化合物，如石灰、石膏等，作为调节土壤反应和改善理化性质的改良剂。

（三）微量营养元素

一般植物对微量营养元素的需要量很少，主要包括铁、锰、铜、锌、硼、钼、氯等7种，它们的含量占作物干重的千分之几到十万分之几。其中，铁为干物重的0.3%左右。大多数微量元素在植物体内不能转移和再被利用，微量元素的缺乏症状表现在新生组织上面。

第二节　各种必需营养元素的生理功能

一、氮

氮对植物来说是一种生死攸关的养分，其供应可受人为控制。植株通常含有其干物质 1%~5% 的氮素，植物含氮量的多少因其种类、器官、发育时期不同而异，含氮量多的是豆科植物。氮常以硝酸盐和铵离子或尿素形态被植物吸收。在湿润、温暖、通气良好的土壤中以 NO_3^--N 为主。氮在植物生命活动中占有重要的地位，故又称为生命元素。其作用如下。

（一）氮是构成蛋白质和核酸的成分

氮构成氨基酸，氨基酸构成蛋白质，蛋白质含氮 16%~18%，蛋白质是构成原生质的基本物质。氮是含氮碱基的组分，碱基、戊糖又是核酸成分。通常核酸在细胞内与蛋白质结合，以核蛋白的形式存在，它们在植物生命活动和遗传变异过程中有特殊作用。

（二）氮也是植物体内叶绿素的组成部分

众所周知，绿色植物有赖于叶绿素进行光合作用，无论是叶绿素 a，还是叶绿素 b 都含氮。氮素的丰缺与叶片中叶绿素的含量有着密切的关系，如果绿色植物缺少氮素，会影响叶绿素的形成，植物叶子发黄，光合作用下降，产量低。氮素供应充足，植物可以合成较多的叶绿素，提高产量。

（三）氮是许多酶和多种维生素的成分

酶是体内代谢作用的生物催化剂，植物体内生物化学反应的方向和速度均由酶系统所控制，缺少相应的酶，代谢作用就不能进行。酶是由蛋白质构成的。许多维生素也含氮，维生素 B_1、维生素 B_2、维生素 B_3、维生素 B_6 等是辅酶的成分，缺氮后植物体内的代谢受影响。

当氮供应充足时，叶大而鲜绿，光合作用旺盛，叶片功能期延长，分枝（分蘖）多，营养体健壮，花多，产量高。生产上常施用氮肥，加速植株生长。但氮素不能施用过多，否则叶色深绿，生长剧增，营养体徒长，成熟期延迟。氮素较多，细胞质丰富而壁薄，易受病虫侵害，抵抗不良环境能力差，同时茎部机械组织不发达，易倒伏。氮肥供应不足，则植株矮小发黄，一般先从下部叶开始黄化，并逐渐向上部扩展，植物的根系比正常生长的根系色白而细长，但根量减少。严重缺氮时叶片变褐并且死亡。

二、磷

大多数植物体内磷的含量（P_2O_5）一般为植物干物重的 $0.1\% \sim 0.5\%$，远低于通常测出的氮和钾，但植物体内磷的含量因植物种类、生育期、组织器官等不同而异，植物种子中含磷较多。植物以吸收 $H_2PO_4^-$ 为主。磷对植物的重要性并不亚于氮，它的功能主要有以下三个。

（一）植物体内许多重要有机化合物的成分

1. 核酸和核蛋白

磷是核酸的主要组成元素。没有磷的供应，就不能形成核蛋白。核蛋白是细胞核和原生质的主要成分。它们是保持细胞结构稳定，进行正常分裂、能量代谢和遗传物质所必需的物质。核酸是核蛋白的主要组分，它们都含有磷酸。核酸既是基因信息的载体，又是生命活动的指挥者。它在植物个体发育、生长、繁殖、遗传和变异等生命过程中起着极为重要的作用。

2. 磷脂

磷脂是构成生物膜的重要物质，生物膜具有多种选择性功能。它对植物与外界介质进行物质交流、能量交流和信息交流有控制和调节的作用。

3. 腺苷三磷酸（ATP）

ATP 是高能含磷化合物，能量的传递者 ATP 能为生物体内物质合成、吸收养分、运动等提供能量。

4. 植素

植素是环己六醇磷酸酯的钙镁盐，是磷的一种贮藏形态，大部分积累在植物的种子内。植素参与调节籽粒灌浆和块茎生长过程中淀粉的合成。当植物接近成熟时，它能促进淀粉的合成；种子萌发时，它又可释放出磷酸供幼苗利用。由此可见，植素的形成和积累既有利于淀粉的合成，又可为后代贮备必要的磷源。

（二）能积极参与体内的代谢作用

1. 磷能加强光合作用并促进碳水化合物的合成与运转

在光合作用中，将光能转化为化学能，是通过光能磷酸化作用，把光能贮存在 ATP 的光能磷酸键中来实现的。在植物进行光合作用和呼吸作用时，都必须有磷参加；光合产物的运输也离不开磷。

2. 促进氮素的代谢

磷是氮素代谢过程中一些重要酶的组成元素，缺磷时氮素代谢明显受阻。磷还能提高豆科植物根瘤菌的固氮活性，增加固氮量。

3. 促进脂肪的形成

油脂是由碳水化合物转化而来的，糖是合成脂肪的原料，糖的合成和转化都需要磷。与脂肪代谢密切相关的辅酶 A 就是含磷的酶。

（三）具有提高抗逆性和适应外界环境条件的能力

1. 磷能提高植物的抗旱、抗寒和抗病能力

磷能提高植物细胞中原生质胶体的持水能力，减少细胞失水，从而能提高植物的抗旱性。同时还能增加细胞中可溶性糖和磷脂的含量，因此它也能提高植物的抗寒能力。越冬蔬菜增施磷肥，可减轻冻害，安全越冬。磷素营养充足可使植株生长健壮，减少病菌侵染，增加抗病性。

2. 磷能增加植物对外界酸碱的缓冲能力

植物体内的无机磷酸盐，能形成缓冲系统，从而使细胞原生质具有抗酸碱变化的能力。这种缓冲作用在 pH 值为 6~8 时最大，因而在盐碱地上增施磷肥可提高植物的抗碱力。酸性土壤增施磷肥可减轻植物受铝、铁、锰的毒害。

缺磷时，植株体内累积 NO_3^--N，蛋白质合成受阻，新的细胞质和细胞核形成较少，影响细胞分裂，植株幼芽和根部生长缓慢，叶小，分枝或分蘖减少，植株特别矮小，叶色暗绿。如果供磷不足，能使细胞分裂受阻，生长停滞；根系发育不良，叶片狭窄，叶色暗绿，严重时变为紫红色。

三、钾

作物生长所需的第三种大量养分是钾。植株中钾浓度一般为 1%~4%，甚至高达 5%，有时还可能会更高。与氮、硫、磷及其他几种植物养分不同，钾不与其他元素结合生成诸如原生质、脂肪和纤维素等植物大分子，不是植物体内有机化合物的成分，主要呈离子状态存在于植物枝叶中，或吸附在原生质胶粒的表面，其功能主要是催化作用。

在土壤溶液中以 K^+ 形态被吸收。土壤钾以数种形态存在，对植物速效的钾只占土壤全钾的很小一部分。钾是活动性元素，出现短缺时衰老组织中的钾会转移到幼嫩分生组织中。一年生植

物缺钾症状常首先出现于低位叶片，随着缺乏加剧，渐次波及顶部。

（一）钾促进叶绿素的合成，参与光合作用产物的运输

钾能促进光合作用产物向贮藏器官中的运输，特别是对于没有光合作用功能的器官，它们的生长和养分的贮存，主要靠地上部所同化的产物向根或果实的运送，例如马铃薯、萝卜、胡萝卜等以块茎、直根为收获物的蔬菜在缺钾条件下，虽然地上部生长得很茂盛，但往往不能获得满意的产量。有资料表明含钾高的叶片比含钾低的叶片多转化光能 50% ~ 70%。因而在光照不好的条件下，钾肥的效果就更显著。

（二）钾利于蛋白质的合成

钾是多种酶的活化剂，能促进蛋白质合成。钾供应不足时，植物体内蛋白质的合成下降。当严重缺钾时，植物组织中原有的蛋白质有可能被分解，引起氮素代谢紊乱。

（三）钾能促进豆科植物根瘤菌的固氮能力

在钾充足的条件下，有更多的光合产物向根部运输，从而保证了根瘤菌对能量和碳素营养的需求。

（四）钾能增强抗逆性

钾能增加原生质胶体的亲水性，使植物有较强的持水能力，增强植物抗旱性。由于钾能增强糖的贮备和增加细胞渗透压，因而也提高了植物的抗寒性。钾能提高植物体内纤维素含量，促进维管束发育，增加细胞壁机械组织强度，从而使茎秆强壮、增强了抗倒伏和抗病能力。

（五）钾能改善产品品质

钾改善蔬菜品质不仅表现在提高产品的营养成分上，而且也表现在能延长产品的贮存期，以及减少在运输过程中的损耗。钾

能使蔬菜有更好的外观，汁液含糖量和酸度都有所改善，使产品风味更浓，全面提高产品的商品价值。

（六）钾能促进植物经济用水

钾能促进水分从低浓度的土壤溶液中向高浓度的根细胞移动。气孔开张和关闭可控制植物的蒸腾作用。所以，供钾充足时，有利于作物有效地利用土壤水分，并保持在体内，减少水分蒸腾作用。

缺钾时，植株茎秆柔弱易倒伏，抗旱性和抗寒性均差。首先从老叶的尖端和边缘开始发黄，并渐次枯萎，叶面出现小斑点，进而干枯或呈焦枯状，最后叶脉之间的叶肉也干枯，并在叶面出现褐色斑点和斑块。

四、钙

钙是高等植物需要的另一种大量养分，以 Ca^{2+} 离子形态被吸收，在叶片中大量存在。植物体内含钙量为干物质的 0.5% ~ 3%。一般豆科植物、甜菜、甘蓝需钙较多，禾谷类作物、马铃薯需钙少。

细胞液中钙常以游离 Ca^{2+} 存在。一般认为，钙为非活动元素。韧皮部中极少有钙移动，因此一般果实和储存器官中供钙极差。根系中钙的下移也有限，这可阻止钙进入供钙不良的土壤。

（一）钙是植物细胞质膜和细胞壁的组成成分

细胞质膜能防止细胞液外渗；钙是构成细胞壁不可缺少的物质，它与果胶酸结合形成果胶酸钙而被固定，果胶酸钙存在于细胞壁中，是细胞壁中胶层的组成成分。钙在细胞壁的中胶层和质膜的外表面上起着调节膜透性以及增强细胞壁强度的作用。

（二）钙对蛋白质的合成有一定影响

据研究，当改善作物的钙营养时，作物体内蛋白质及酰胺含量也随之增加，但氨基酸含量则相应减少。钙营养能促进豆科作物根瘤的形成和共生固氮作用的增强。

（三）钙的酶促作用

钙是某些酶的活化剂，例如它能提高淀粉酶的活性；它还参与离子和其他物质的跨膜运输。此外，钙还有协调阴阳离子平衡和渗透调节作用。

（四）钙有中和酸性和解毒作用

钙可与草酸结合形成草酸钙，对细胞的渗透调节十分重要。此外，钙对调节外部介质的生理作用有重要意义。如钙能消除铵离子（NH_4^+）过多产生的毒害，同时还能加速铵的转化。在酸性土上，钙能减少土壤中氢离子（H^+）和铝离子（Al^{3+}）所造成的毒害。在碱性土中，钙能减少钠离子（Na^+）过多的毒害。

缺钙症状首先见于生长点和幼叶，缺钙时，植株矮小，细胞壁融化，组织变软，叶片下垂与黏化。严重时，叶子变形或失绿，叶片边缘出现坏死斑点，但老叶仍保持绿色。缺钙苹果出现苦痘病，整个苹果表面显出小的棕色坏死斑点。番茄出现脐腐病，果实的末端变褐，以致腐烂。辣椒、西瓜缺钙时，也会出现类似症状。

五、镁

植物干物质含镁量为 $0.05\% \sim 0.7\%$。豆科植物的含镁量为禾本科植物的 $2 \sim 3$ 倍，从植株的部位看，种子含镁较多，茎叶次之，而根系较少。

（一）镁是叶绿素和色素的组成成分

镁是一切绿色植物不可缺少的元素，它是叶绿素的组成成分。镁处于叶绿素中心位置，没有叶绿素，自养绿色植物无法进行光合作用。生成叶绿素通常用去植株全镁量的 $15\% \sim 20\%$。可见，镁对植物进行光合作用具有重要作用。

（二）镁是许多酶的活化剂，能加强酶促反应

由镁活化的酶类有几十种。镁与作物体内磷酸盐运转有密切关系。镁离子（Mg^{2+}）既能激发许多磷酸转移酶的活性，又可作为磷酸的载体促进磷酸盐在作物体内运转，并以植酸盐的形式贮藏在种子内。

（三）镁参与氮的代谢作用和促进脂肪的合成

镁能激活谷氨酰胺合成酶，因此镁对氮素代谢有重要作用。植物缺镁时，蛋白质含量下降，非蛋白态氮的比例增加，从而抑制蛋白质的合成。在蛋白质合成过程中，氨基酸的活化，多肽链的起始和延长，都需要有镁离子（Mg^{2+}）参与。

（四）在细胞质代谢过程中，镁有稳定细胞 pH 值的作用

（五）镁能提高植物的抗病力

镁可以促进植物对硅的吸收，从而促进细胞壁的硅质化，防止病菌菌丝侵入，提高植物的抗病力。

缺镁的症状首先表现在老叶上。开始时，叶的尖端和叶缘的脉尖色泽退淡，由淡绿变黄再变紫，随后向叶基部和中央扩展，但叶脉仍保持绿色，在叶片上形成清晰的网状脉纹；严重时叶片枯萎、脱落。

六、硫

植物的含硫量为干重的 0.1%~0.5%。豆科、十字花科、百合科等植物的需硫较多，而禾本科的需硫较少。

如同氮一样，大多数 SO_4^{2-} 能够在植株内还原，能够以—S—S—和—SH 形态测出。大量硫酸盐态硫也出现于植物组织和胞液中。在小麦、玉米、菜豆和马铃薯等植物中硫与磷含量相同或略低，但在苜蓿、卷心菜和萝卜中其量甚大。

（一）硫参与蛋白质合成和代谢

硫也是生命物质的组成元素。植物体内有 3 种含硫的氨基酸，没有硫就没有含硫的氨基酸，作为生命基础物质的蛋白质也就不能合成。这表明硫和生命活动关系密切。硫能提高豆科植物的固氮效率。

（二）硫影响叶绿素的形成

硫虽然不是叶绿素的组成成分，但缺硫时往往使叶片中的叶绿素含量降低，叶色淡绿，严重时变为黄白色。

（三）植物体内许多酶含有硫

脂肪酶、脲酶都是含硫的酶，缺硫时酶的形成就少。

（四）硫参与体内氧化还原过程

植物体内存在一种极其重要的生物氧化剂，即谷胱甘肽。它在植物呼吸作用中起重要作用。

（五）硫是许多挥发性化合物的结构成分

芥菜和洋葱的植株中具特征味道和气味的挥发性化合物中均含硫元素。因此，种植这类蔬菜时，适当施用含硫肥料对改善其品质是非常重要的。

（六）硫能增强某些植物的抗寒性和抗旱性

植物缺硫时的症状与缺氮时的症状相似，变黄比较明显。首先是幼芽黄花或嫩叶褪绿，随后黄化症状逐步向老叶扩展，以至于全株。黄化后茎秆细弱，根细长而不分枝。油菜缺硫时，开花结实时间延长，花小色淡，角果减少，产量下降。棉花缺硫时，叶肉增厚，叶缘枯焦，叶易脱落，棉桃小，吐絮差，产量和品质下降。

七、铁

铁在植物中的含量不多，通常为干物重的千分之几。铁在植物体中的流动性很小，老叶子中的铁不能向新生组织中转移，因而它不能被再度利用。

（一）铁是一些与呼吸作用有关的酶的成分

如细胞色素氧化酶、过氧化氢酶、过氧化物酶都含铁，铁参与细胞的呼吸作用。

（二）铁参与叶绿素的合成

铁虽不是叶绿素的组成成分，但合成叶绿素时确实需要有铁存在。据推测，在叶绿素合成时，铁可能是一种或多种酶所需的活化剂。

（三）铁参与细胞内的氧化还原反应和电子传递

对于作物体内硝酸还原作用和豆科作物的固氮作用十分重要。

（四）铁也是磷酸蔗糖合成酶最好的活化剂

作物缺铁会导致体内蔗糖形成受阻。缺铁时，症状首先出现在幼叶上，而下部老叶常保持绿色。缺绿的叶片，在初期只是叶肉部分发黄，叶脉仍能保持绿色。而后叶片变白，叶脉也逐渐变黄。如植株缺铁十分严重，叶片上则会出现褐色斑点和坏死斑点，并导致叶片死亡、脱落。北方果树的黄叶病即是缺铁所致。

八、硼

硼不是植物体内的结构成分，但它对植物的某些重要生理过程有着特殊的影响。

（一）硼参与体内的碳氮代谢

硼能促进碳水化合物的正常运转，有利于蛋白质的合成和豆科作物固氮。缺硼时，叶内有大量碳水化合物积累，影响新生组织的形成、生长和发育，并使叶片变厚、叶柄变粗、裂化。

（二）硼能影响光合作用，提高植物抗性

叶绿体中硼含量最高，影响光合作用；硼在细胞壁中含量较高，能提高植物抗性。

（三）硼能抑制有毒酚类化合物形成

缺硼时，酚类化合物——咖啡酸、绿原酸的含量过高，使根尖或茎端分生组织受害或死亡。

（四）硼能促进生殖器官的建成和发育

硼对植物生殖器官的发育有特殊的作用。它能刺激植物花粉的发育和花粉管的伸长，有利于受精。甘蓝型油菜的"花而不实"，棉花的"蕾而无花"，小麦的"穗而不实"，花生的"存壳无仁"等都是缺硼的表现。

缺硼时顶部生长点生长不正常或生长停滞；幼嫩的叶片畸形、起皱、变脆，花和果实的形成受阻。如油菜的"花而不实"，甜菜的根冠和心部腐烂，芹菜茎开裂等均与缺硼有密切关系。

九、锰

锰与铁一样为较不活动元素。一般缺素症首先表现在幼叶上。阔叶植物表现为叶脉间失绿，一些禾本科作物上有时也出现这种现象，但不太明显。

（一）锰是多种酶的成分

锰是某些脱氢酶、羧化酶、激酶、氧化酶的成分。

（二）锰参与体内的碳氮代谢

锰能促进氨基酸合成肽，有利于蛋白质的合成，也能促进肽水解生成氨基酸，并运往新生的组织和器官。能促进碳水化合物的代谢和氮的代谢。

（三）锰参与叶绿素的合成

锰直接参与光合作用过程中水的光解，控制植物体内某些氧化还原系统。缺锰时，植物光合作用明显受到抑制。

（四）锰对其他必需营养元素的影响

锰对铁的有效性有明显的影响，锰过多易出现缺铁症状。锰能加速萌发和成熟，增加磷和钙的有效性。

植物缺锰时，缺锰的症状虽与缺镁相似，但症状首先出现在幼嫩的叶片上。表现为叶色失绿并出现杂色斑点，叶脉间黄化，但叶脉仍保持绿色。在高有机质土壤和锰含量较低的中性到碱性土壤中最常发生。

十、铜

（一）铜是多种氧化酶的组成成分

铜是作物体内多酚氧化酶、乳糖酶、抗坏血酸氧化酶的成分，因此在氧化还原反应中铜有重要作用。

（二）铜参与叶绿素合成

叶绿体中含有较多的铜，铜积极参与光合作用，不仅与叶绿素形成有关，而且能够提高叶绿素稳定性，避免叶绿素过早地被破坏。

（三）铜参与体内碳氮代谢

铜对氨基酸活化及蛋白质合成有促进作用，缺铜时，作物体内蛋白质合成受阻，而可溶性氨基酸积累。

（四）铜促进生物固氮

铜可能是共生固氮过程中某种酶的成分，对共生固氮作用也有影响。当植物缺铜时，根瘤内的末端氧化酶的活性降低，使固氮能力下降。

（五）铜能提高植物对真菌病害的抵抗力

禾本科作物缺铜时植株丛生，顶端逐渐变白，症状一般从叶尖开始，严重时不抽穗、不结实或籽粒不饱满。果树如果缺铜，顶梢叶呈簇状，叶和果褪色，严重时顶梢枯死，并逐渐向下扩展。

十一、锌

（一）锌是一些酶的组成成分

锌是碳酸酐酶成分之一，其作用是促进碳酸分解为二氧化碳和水，及二氧化碳的水化作用。

（二）锌参与体内碳氮代谢

锌对不同类型的酶起激活作用，均与植物碳水化合物代谢和蛋白质合成相关联。锌与植物的光合作用有密切关系，缺锌会抑制高等植物的光合作用。

（三）锌参与生长素（吲哚乙酸）的合成

缺锌时，将会导致生长素合成量锐减，尤其是在芽和茎中的含量明显减少，作物生长停滞，并出现叶片变小，节间缩短等"小叶病"和"簇叶病"症状。

作物缺锌时生长受抑制，幼叶叶片脉间失绿。失绿部位最早是浅绿色，而后发展为黄色，甚至白色。单子叶植物，特别是玉米的叶片，与叶脉平行的叶肉组织变薄，叶片中脉两侧出现失绿条纹。双子叶植物的缺锌症状则是叶脉间失绿，叶片不能正常展开。

果树缺锌既影响叶片的生长，又能使茎秆枝条的节间缩短，例如苹果树缺锌症是叶片狭小，丛生呈簇状，不仅叶片发育受影响，芽苞形成也很少，树皮显得粗糙易破。

十二、钼

（一）钼是一些酶的组成成分

钼是硝酸还原酶的金属成分，起着电子传递作用。植株中大多数钼都集中于这种酶中，这种酶为水溶性钼黄蛋白，存在于叶绿体被膜中。

（二）钼参与体内氮素代谢

钼是固氮酶中钼铁蛋白的一种成分，它对豆科作物及自生固氮菌有重要作用，能促进豆科作物固氮。钼对花生、大豆等豆科植物的增产作用显著。为此，钼肥应首先集中施用在豆科作物上。

（三）钼对作物的呼吸作用

有一定影响，并能消除酸性土壤中活性铝在植物体内累积而产生的毒害作用。

（四）钼还能促进光合作用的强度

作物缺钼的共同特征是植株矮小，生长缓慢，叶片失绿。严重缺钼时，叶片枯萎，以致死亡，类似缺氮的症状，但两者是有区别的，缺氮症状首先出现在老叶上，而缺钼症状则最先出现在新生组织上。豆科作物缺钼，根瘤发育不良，小而少。缺钼的叶片生长畸形，整个叶片布满斑点，螺旋扭曲，有"鞭尾现象"。

十三、氯

（一）氯参与植物的光合作用

一般认为，植物需氯几乎与需硫一样多，但比任何一种微量元素的需要量要大。植物光合作用中水的光解需要氯离子参加。

而大多数植物均可从雨水或灌溉水中获得所需要的氯。因此，作物缺氯症难以出现。

（二）氯能调节气孔运动

氯对叶片上气孔的启开和关闭有调节作用，帮助调节气孔保卫细胞的活动而帮助控制膨压，从而控制了损失水。

（三）施用含氯肥料对抑制某些病害有明显作用

氯能限制硝态氮的吸收，使作物吸收 NH_4^+ 以获得所需大部分氮，并使根际 pH 值变得不利于病原体活动。氯对植株中水势的影响，也可能是防治全蚀病的一个因素，因为造成此病的病原真菌在高水势或潮湿条件下长得最好。提高细胞液渗透势，造成较低的水分能量状态似乎与抗全蚀病有关。

（四）氯过量对作物有害

施氯过多，会影响一些经济作物的产品质量。如会降低葡萄和瓜果的含糖量，降低烟草的燃烧性，增加薯类的水分含量等。故对果树、烟草、糖料、油料等忌氯经济作物，应慎施氯肥。豆科植物对氯是最敏感的作物，大田中已见到大量作物对施氯有反应，如烟草、番茄、荞麦、豌豆、莴苣、卷心菜、胡萝卜、糖用甜菜、大麦、玉米、马铃薯、棉花、椰子和油棕等。

第三节　土壤养分特点与肥力要求

一、土壤性质与肥力特点

（一）土壤的组成

土壤是指陆地表面能生长植物的疏松表层。从其形成过程来讲，土壤的主体来自岩石，但是，岩石的碎屑并非就是土壤。土壤必须含有如下几种成分：其一，土壤母质。它是土壤形成的基础，是土壤的"骨架"，是土壤物质组成的主体，它由风化岩石碎屑组成。其二，有机质。它是土壤的"肌肉"，是土壤肥力的主要标志之一。它主要来源于动植物和微生物的残体。其中绿色植物，特别是高等绿色植物的残体，在土壤有机质来源中的数量最多，达80%以上。其三，水分。它是土壤的"血液"，它与农作物的收多收少有密切的关系。其四，养分。养分可以说是土壤的"粮食"。它包括氮、磷、钾、钙、镁、硫等植物需要量较多的元素，以及铁、锰、铜、锌、硼、钼、氯等需要量较少的微量元素。它主要来源于土壤中的有机质、矿物质以及施入的肥料等。不同的土壤所含的养分数量有很大的差异。对于贫瘠的土壤就一定需要施入养分才能使作物正常生长。其五，空气。土壤空气含量的高低，也就是土壤通气性的好坏，不仅严重影响作物的生长，而且影响土壤肥力的状况。其六，微生物。土壤微生物在土壤养分的释放、有机物质的分解、各种物质和能量的转换以及氮素的固定中均起着十分重要的作用。由此可见，土壤既是植物生长所需的营养的供应源泉，又是各种物质和能量转化的场所。

也可以说，土壤是由固体、液体和气体3种成分组成的，而把它们分别叫作土壤的固相、液相和气相，统称土壤的三相。固体物质包括土壤矿物质、有机质和微生物等。液体物质主要指土壤水分。气体是存在于土壤孔隙中的空气。土壤中这3类物质构成了一个矛盾的统一体。它们互相联系，互相制约，为作物提供必需的生活条件，是土壤肥力的物质基础。由于土壤三相比例不同，表现为土壤的透水性、保水性、通气性以及保肥能力也不相同。

（二）土壤的性质

1. 土壤一般物理性（比重、容重、孔隙度）

自然状态的土体，由于土粒、结构体之间通过点面接触，形成大小不等、形状各异的各种孔洞，称为土壤孔隙。土壤孔隙不仅是土壤水分和空气存在的空间，也是物质和能量交换的通道。孔隙的数量、大小及大小孔隙比例所反映出的土壤性质称为土壤孔隙性，用孔隙度衡量。土壤孔隙度一般不直接测定，而是由土壤容重和土壤密度计算而得。

土壤比重（真比重）：单位体积土壤固体重量与同体积水重之比。土壤比重取决于土壤组成物质的种类和相对含量，石英、长石、云母、赤铁矿、有机质、腐殖质的比重分别是：2.60～2.70，2.57～2.76，2.7～3.1，4.9～5.3，0.2～0.5，1.3～1.4。

土壤密度：单位体积的固体土粒（不包括粒间孔隙）的质量。土壤密度主要取决于土壤矿物组成，有机质含量对它也有一些影响。土壤密度一般定为2.65。

土壤容重（假比重）：单位体积原状土体（包括固体和孔隙）的干土重与同体积水重之比。其由土壤孔隙、土壤固体数量、矿物组成、结构、固体颗粒排列紧密程度等因素决定。一般土壤容重为 $1.0～1.8g/cm^3$，容重反映土壤孔隙与松紧度，是土壤松紧度的指标。

土壤孔隙度：单位体积原状土内孔隙所占百分比称土壤孔隙度，不能测定，计算而得。

土壤孔隙度（%）=（1-容重/密度）×100。土适合作物生长的土壤孔隙状况为"上松下紧"的土体孔隙构形。影响土壤孔隙状况的因素有土壤质地、土壤结构、有机质含量和农业耕作措施。一般作物适宜的孔隙度为50%。

2. 土壤物理机械性（黏结性、黏着性、可塑性、膨胀性、收缩性、耕性）

土壤物理机械性：指土壤在各种含水状况下受到外力作用显示出的一系列动力学性质，包括黏结性、黏着性、可塑性、膨胀性、收缩性等。

土壤黏结性：指土粒与土粒结合在一起的性质，反映土壤抵抗机械破碎的性能，是产生耕作阻力的重要原因之一。其取决于土粒之间的接触面，受质地（黏粒接触面大，黏结性强）、水分（适度增加，增加水膜拉力）、腐殖质（包裹黏粒，促进团粒结构形成，减低土壤分散度）含量和土壤结构（团粒结构黏结性最适中）的影响。

土壤黏着性：指土粒黏附外物的性能，取决于土粒与外物的接触面，影响因素同黏结性。土粒越小，黏着性越大。干土无黏着性，黏着性随水分增加而增加，但水分含量到全持水量的80%，水膜过厚，水膜拉力减少，黏着性减少。黏着性也是增加耕作阻力，影响耕作质量的原因之一。

土壤可塑性：指土壤在湿润状态下，能被塑造并保持其形状的特性。当土壤出现可塑状态时的含水量为可塑下限，可塑状态消失时的含水量为可塑上限，在上塑与下塑之间的含水量范围为塑性范围，即塑性值。塑性值越大，可塑性越强。可塑性影响耕作质量与难易，塑性范围内耕性不好。

土壤胀缩性：指土壤因吸水而膨胀，脱水而收缩的性质。胀缩性强的土壤，吸水膨胀时土壤紧实难以透水通气，干燥时土体收缩导致龟裂，会扯断植物根系透风散墒，植物易受害。

土壤耕性：指土壤耕作时表现出的性状，包括易耕期的长短、耕作质量、耕作的阻力等，是土壤各种理化性质在耕作上的综合表现。与土壤结构、含水量、黏结性、黏着性、可塑性、膨胀性、收缩性有关。

3. 土壤酸碱性与缓冲性

土壤酸碱性是土壤重要的化学性质，它不仅直接影响植物的生长，而且左右许多土壤中的化学和生物化学反应，特别是与土壤养分释放和有害物质的出现有关。

土壤酸碱性是指土壤溶液中 H^+ 浓度和 OH^- 浓度比例不同而

表现出来的土壤性质。通常用土壤酸度（pH）表示。当土壤溶液中的 H^+ 浓度大于 OH^- 浓度时，土壤呈酸性；OH^- 浓度大于 H^+ 浓度时，土壤呈碱性；两者相等时，则呈中性。

（1）土壤酸度　根据土壤中 H^+ 离子的存在方式，土壤酸度可分为两大类。

①活性酸度：土壤的活性酸度是土壤溶液中氢离子浓度的直接反映，又称有效酸度，通常用 pH 值表示。土壤溶液中氢离子的来源，主要是土壤中 CO_2 溶于水形成的碳酸和有机物质分解产生的有机酸，以及土壤中矿物质氧化产生的无机酸，还有施用肥料中残留的无机酸，如硝酸、硫酸和磷酸等。此外，由于大气污染形成的大气酸沉降，也会使土壤酸化，所以它也是土壤活性酸度的一个重要来源。

②潜性酸度：土壤潜性酸度的来源是土壤胶体吸附的可代换性 H^+ 和 Al^{3+}。当这些离子处于吸附状态时，是不显酸性的，但当它们通过离子交换作用进入土壤溶液之后，可增加土壤的 H^+ 浓度，使土壤 pH 值降低。只有盐基不饱和土壤才有潜性酸度，其大小与土壤代换量和盐基饱和度有关。

另外，活性酸度与潜性酸度的关系：土壤的活性酸度与潜性酸度是同一个平衡体系的两种酸度。二者可以相互转化，在一定条件下处于暂时平衡状态。土壤活性酸度是土壤酸度的根本起点和现实表现。土壤胶体是 H^+ 和 Al^{3+} 的储存库，潜性酸度则是活性酸度的储备。土壤的潜性酸度往往比活性酸度大得多，相差达几个数量级。要改变土壤的酸性程度，就必须中和溶液中和胶体中的全部交换性 H^+ 和 Al^{3+}。在酸性土壤改良时，可根据水解性酸来计算所要施用的石灰的量。

（2）土壤碱度　土壤溶液中 OH^- 离子的主要来源是碳酸根和碳酸氢根的碱金属（Ca、Mg）的盐类。碳酸盐碱度和重碳酸盐碱度的总称为总碱度。不同溶解度的碳酸盐和重碳酸盐对土壤碱性的贡献不同，$CaCO_3$ 和 $MgCO_3$ 的溶解度很小，故富含 $CaCO_3$ 和 $MgCO_3$ 的石灰性土壤呈弱碱性（pH 值为 7.5~8.5）；Na_2CO_3、$NaHCO_3$ 及 Ca（HCO_3）$_2$ 等都是水溶性盐类，可以出现在土壤溶液中，使土壤溶液中的碱度很高，从土壤 pH 值来看，含 Na_2CO_3 的土壤，其 pH 值一般较高，可达 10 以上，而含 $NaHCO_3$ 及 Ca（HCO_3）$_2$ 的土壤，其 pH 值常为 7.5~8.5，碱性较弱。

当土壤胶体上吸附的 Na^+、K^+、Mg^{2+}（主要是 Na^+）等离子的饱和度增加到一定程度时会引起交换性阳离子的水解作用。结果在土壤溶液中产生 NaOH，使土壤呈碱性。此时 Na^+ 离子饱和度亦称土壤碱化度。土壤碱化度是衡量土壤碱化程度的指标。一般碱化度 5%~10% 为弱碱土，10%~20% 为碱化土，大于 20% 为碱土。

（3）土壤缓冲性能　土壤缓冲性能是指具有缓和酸碱度发生剧烈变化的能力，它可以保持土壤反应的相对稳定，为植物生长和土壤生物的活动创造比较稳定的生活环境，所以土壤的缓冲性能是土壤的重要性质之一。

①土壤溶液的缓冲作用：土壤溶液中含有碳酸、硅酸、磷酸、腐殖酸和其他有机酸等弱酸及其盐类，构成一个良好的缓冲体系，对酸碱具有缓冲作用。

②土壤胶体的缓冲作用：土壤胶体吸附有各种阳离子，其中盐基离子和氢离子能分别对酸和碱起缓冲作用。土壤胶体的数量和盐基代换量越大，土壤的缓冲性能就越强。因此，砂土掺黏土及施用各种有机肥料，都是提高土壤缓冲性能的有效措施。在代换量相等的条件下，盐基饱和度愈高，土壤对酸的缓冲能力愈大；反之，盐基饱和度愈低，土壤对碱的缓冲能力愈大。另外，铝离子对碱也能起到缓冲作用。

4. 土壤结构性

在自然界中土壤固体颗粒一般不呈单粒存在，而是在土壤内外因素的综合作用下，土粒相互团聚成大小、形状和性质不同的团聚体，称为土壤结构或结构体。土壤结构性是土壤结构体的种类、数量及其在土壤中的排列方式所反映出的特性，它是土壤的重要物理性质。

（1）土壤结构体的种类

①块状结构体和核状结构体：呈立方体，长、宽、高大体相等，边面一般不明显，外形不规则，结构体内部紧实，俗称"土坷垃"。块状结构的土壤常形成较大的空洞，加速了土壤水分丢失，幼苗不能顺利出土，一般采用适时耙糖或冻融作用使之破碎。

②片状结构体：呈薄片状，常出现在犁底层，成层排列。旱地犁底层过厚，对作物生长不利，而水稻土应有一个具有一定透水率的犁底层。水旱轮作和深耕是改造和加深犁底层的良好方法。旱地表层常出现土壤结皮，对作物不利，消除结皮的办法是适时中耕。

③柱状结构体和棱柱状结构体：纵轴大于横轴，呈直立状，棱角不明显的为圆柱状结构体，棱角明显的为棱柱状结构体，大多出现在黏重的底土层、心土层和柱状碱土的碱化层。根系难以伸入，通气不良，易漏水漏肥。常采取逐步加深耕层，结合施大量有机肥料进行改良。

④团粒结构体：指近似球形的较疏松多孔的小土团，直径为 $0.25 \sim 10\text{mm}$。一般在耕层较多，其数量的多少和质量的好坏，在一定程度上反映了土壤肥力的水平，改良土壤结构性实际上是指促进土壤团粒结构体的形成。

（2）团粒结构体的特性 土壤结构体应有一定的稳定性，不易受外界因素影响而使土壤孔隙状况恶化。良好的团粒结构体一般应具备三方面的性质：一定的大小，过大或过小都对形成适当的孔隙比例不利；多级孔隙，大孔隙可通气透水，小孔隙保水保肥；一定的稳定性，即水稳性、机械稳性和生物学稳定性。

（3）团粒结构的培育 好的土壤结构性，不仅总孔隙度较高，而且大小孔隙比例合理，并且具有多级孔隙。良好的团粒结构性是土壤肥力的基础，团粒结构与土壤肥力的关系主要表现在以下几个方面：调节土壤水分与空气的矛盾；协调土壤养分的消耗和积累的矛盾；稳定土温，调节土壤热状况；改善土壤耕性，有利于作物根系伸展。可以通过精耕细作，增施有机肥料，合理的轮作倒茬，合理灌溉，适时耕耘，施用石灰及石膏，应用土壤结构改良剂等措施创造良好的土壤团粒结构。

（三）土壤肥力

土壤的本质特征是具有肥力。土壤肥力是土壤具有在植物生长的各个时期及时为植物供给和协调所必需的水分、养分、空气、热量等生活条件的能力。其中水、肥、气是物质基础，热是能量条件。

1. 土壤水分

水是农业的命脉。俗话说："有收无收在于水，收多收少在于肥。"可见水分直接决定着作物的生存问题。但是，还应注意收多收少也与水分有着密切的关系。为什么呢？在这里的"肥"字，并非一般狭义上指的化肥、沤肥、堆肥等肥料，而是指广义的土壤肥力，即土壤中水、肥、气、热四大因素协调作用的结果。因而水的重要性并不只在出现旱情或涝灾时显得很突出，它在整个土壤肥力中都有重要作用。首先，植物在其生长发育过程中需要消耗大量的水。据研究，每形成一份干物质需要消耗125~1 000份水，平均消耗300份水，而这样大量的水分几乎全部都得由土壤供给；其次，土壤水分对土壤养分、空气与热量状况等一系土壤性质都有重要影响，如土壤的氧化还原情况、微生物活动情况、通气情况、温热情况、矿物风化情况、养分的溶解转化移动情况等，均受土壤水分状况的影响。一方面，没有水，土壤养分的有效化，植物对土壤养分的吸收都不可能进行；另一方面，如果水分过多，则会形成土壤空气不足，土温过低，有毒物质积累，进而影响到植物的生长发育。在地下水位高的珠江三角洲和一些山坑湖洋田，往往是大旱之年大增产，原因就是土壤水分问题。所以，土壤水分的存在状况对其他三大因素产生着深刻的影响，进而影响着整个土壤的肥力。

（1）土壤水分的类型　自然界中的水分通过降水、灌溉、地下水上升等途径进入并保持在土壤中，便成为农作物吸收水分的主要来源。土壤水分可分为吸湿水、膜状水、毛管水、重力水。

吸湿水：因受土粒表面吸附力很大，不能移动，无溶解力，植物不能吸收，为无效水。

膜状水：在土壤吸湿水外围，靠土粒剩余分子引力吸附的液态水膜，比吸湿水受力小，具有液态水的性质，但移动缓慢，溶解力较弱，植物能吸收其中一部分，为弱有效水。

毛管水：依靠毛管力保持在毛管孔隙中的液态水。具有自由水的性质，可以上下左右移动，移动速度快，溶解力强，数量多，是供作物吸收利用的主要有效水分。

毛管水可以上下左右移动，但移动的快慢决定于土壤的松紧程度。松紧适宜，移动速度最快，过松过紧，移动速度都较慢。降水或灌溉后，随着地面蒸发，下层水分沿着毛管迅速向地表上升，应在分墒后及时采取中耕、耙、耱等措施，使地表形成一个疏松的隔离层，切断上下层毛管的联系，防止跑墒。"锄头有水"的科学道理就在这里。

重力水：土壤水分超过田间持水量后，受重力作用沿大孔隙向下渗漏的水分。具有自由水的性质，易流失，应用率低，对旱地土壤而言是多余水。

（2）土壤水分的调节　土壤水分调节就是尽可能地减少土壤水分的损失，增加植物对降雨、灌溉水及土壤中原有储水的有效利用，有时还包括多余水的排除等。可以采取以下措施，调节土壤水分：

①加强农田基本建设，充分利用降水，防止水土流失。

②发展农田水利，实现节水灌溉。

③改良土壤，增施有机肥料，提高土壤水分有效性和土壤保水能力。

④中耕松土，增加覆盖，减少土壤水分蒸发，蓄水保墒。

⑤合理栽培，科学种植，合理利用水分。

2. 土壤空气

土壤空气是土壤的重要组成成分，是土壤肥力的重要因素，是植物生长的基本条件，影响土壤内化学、生物学等过程以及养分的转化。

（1）土壤空气的组成特点　土壤空气存在于未被液态水占据的土壤孔隙中，随土壤含水量的变化而变化，一般旱地作物要求耕作层的空气容量为 10%~15%。土壤空气来源于大气，与大气组成相似，又有差异。土壤空气中氧气浓度低，二氧化碳浓度高。土壤空气中水汽呈饱和状态。土壤空气中含有少量还原性气体，如硫化氢、甲烷等。

（2）土壤空气与植物生长及肥力的关系

①影响种子的萌发。实验证明，如果土壤通气不良，氧气浓度低于 5%，会抑制种子萌发。同时，有机质的嫌气分解产生的醛类或有机酸也妨碍种子发芽。一般在植物种子萌发和苗期最容易遭受土壤缺氧危害。

②影响植物根系生长及吸收功能。一般土壤空气中氧气含量低于 9%~10%，根系发育就受到影响，低于 5% 时，绝大部分根系停止发育。在通气良好的条件下，植物根长、色浅、根毛多、

吸收能力强；通气不良，缺氧时，植物根短、色黑或灰、根毛少、吸收能力弱。

③影响微生物活动和土壤养分转化。土壤通气良好时，好气微生物活动旺盛，有机物分解速度快，速效养分多。如果通气不良，适于嫌气微生物活动，利于有机质的积累，易产生还原性气体。

④影响植物病害的发生。土壤通气不良时，由于二氧化碳过高，土壤酸度增加适合致病的霉菌生长。

（3）土壤空气的调节　土壤通气性是指土壤空气与大气进行交换以及土体内部气体扩散和通气的能力。是保证土壤空气质量、维持土壤肥力不可缺少的条件。土壤空气状况可以通过以下方式调节。

①改良土壤质地和结构，改善土壤的孔隙状况。

②深耕结合施用有机肥料，改善土壤的透气性。

③合理灌溉，开沟排水，降低土壤含水量。

3. 土壤养分

土壤养分是土壤肥力中最重要的因素。作物生长发育所需的营养元素，除来自空气和水的碳、氢、氧外，其他均来自土壤。

（1）土壤养分概述　土壤养分是由土壤提供的植物生长必需的元素，主要有氮、磷、钾、钙、镁、硫、铁、锰、锌、铜、钼、硼、氯等13种。其主要来源为人工施肥、根茬残留或秸秆还田、生物固氮、根系富集、岩石矿物风化释放、工业三废、降水等。

根据对作物有效程度，土壤养分可以分为速效养分（包括水溶态养分和交换态养分）、缓效养分（黏土矿物晶格固定的养分）和迟效养分（包括难溶态养分和有机态养分）。迟效养分在一定条件下转变成速效养分，速效养分受土壤环境的影响转变成缓效态养分或迟效养分。

（2）土壤中的氮　土壤中的氮素来自大气分子氮的生物固定、动植物残体的归还、雨水和灌溉水带入、施用肥料，农耕土壤氮素的主要来源是人工施肥和生物固氮。我国主要耕地的全氮量为 $0.5 \sim 1.0 g/kg$。土壤中的氮素，有机态氮占98%以上，包括水溶性氮（简单，分子小，如氨基酸）、水解性氮（较简单，分子大，如蛋白质）和非水解性氮（复杂，高分子，如胡敏酸）；无机氮占 1%~2%，包括铵态氮和硝态氮，在还原条件下还有少量亚硝态氮，是植物可直接吸收利用的有效态氮。

土壤中各种形态的氮素不停地进行相互转化。在微生物的作用下，通过矿化作用将有机氮转化为无机态氮，通过硝化作用将铵态氮转化为硝酸或硝态氮，植物易吸收；通气不良，由于反硝化作用，硝态氮转化为 N_2、N_2O、NO 等，损失氮素。土壤中氮素转化对保持氮素平衡有重要意义，掌握土壤氮素转化规律，调节其转化条件，在一定程度上可以控制土壤的供氮能力。

（3）土壤中的磷　土壤中磷的来源主要是地壳和含磷矿物，施肥也是主要来源之一。我国土壤中磷的含量很低，一般 $0.3 \sim 3.5 g/kg$（P_2O_5），其中99%以上为迟效磷。土壤中的磷素，有机态占 10%~50%，包括核蛋白、核酸、磷脂、植素等，植物不能直接吸收；无机态占 50%~90%，包括水溶性磷、弱酸溶性磷、难溶性磷，其中水溶性磷、弱酸溶性磷为速效磷，植物能吸收。

土壤中各种形态的磷酸盐可以在一定条件下相互转化。通过有机态磷的矿化作用，有机态磷可以转化为无机态磷，难溶性磷分解转变为弱酸溶性磷、水溶性磷；水溶性磷、弱酸溶性磷在一定条件下生成难溶性磷（沉淀）；无机态磷通过化学固定、胶体吸附、生物吸收等可以被固定，成为无效态磷。土壤有效磷和无效磷的转化，主要与土壤 pH 值、有机质的分解、氧化还原条件等因素有关。改良酸碱土，增施有机肥都可以提高磷的有效性。

（4）土壤中的钾　土壤中的钾主要来源于岩石矿物风化释放和施肥。我国土壤含钾量比氮、磷丰富，一般为 5～25g/kg（K_2O）。土壤中的钾主要是无机化合物。可以分为速效钾、缓效态钾和矿物态钾。速效钾包括水溶性钾和交换性钾，是植物可利用的钾，速效钾含量可以反映土壤供钾水平。缓效态钾占全钾量的 2%～6%，虽然不能直接供植物吸收利用，但它是土壤速效钾的直接补给源，在一定条件下可逐渐转化为能被植物吸收利用的速效钾，其含量是衡量土壤供钾潜力的一个重要指标。矿物态钾主要是指原生矿物中的钾，占全钾量的 90%～98%，不能被植物吸收利用，为无效钾。

土壤中各种形态的钾并不是孤立存在的，它们之间可以相互转化，并处于动态平衡之中。土壤中的矿物态钾经物理、化学和生物作用，缓慢释放出来，转化为有效钾；通过晶格固定，速效钾转化为缓效态钾，减少土壤干湿变化的幅度，可以减轻钾的晶格固定。

4. 土壤热量

土壤热量状况是肥力的组成因素，其增减导致土壤温度变化，作物在各个生育阶段都需要一定的土壤温度，土壤温度影响土壤水分的汽化，凝结以及空气的对流和养分的转化。

（1）土壤热量的来源　太阳辐射热是土壤热量的主要来源，土壤吸收热的强弱受土壤颜色、湿度和地表状况的影响。土壤微生物在分解有机质的过程中释放出的热量为生物热，其大部分用来提高土壤温度。地热是地球内部的岩浆传导至地表的热，这部分热量对土壤温度影响甚微。

（2）土壤热特性　土壤的吸热和散热随时都在进行，土壤温度变化情况取决于土壤的热性质。

①土壤热容量：单位重量或容积的土壤温度每升高1℃所需的热量。一般 Cm 表示重量热容量，单位：J/（g·℃）；Cv 表

示容积热容量，单位：J/（cm³·℃）。$Cv = Cm×$土壤容重

　　热容量大小主要由土壤含水量决定。若土壤含水量多，热容量大。热容量大小反映温度变化的难易程度。若热容量大，土温升降慢，变化小；反之，土温升降快，变化大。

　　②土壤导热性：土壤具有传导热量的性质。用导热率度量。

　　导热率（λ）：单位厚度的土层温差为1℃，每秒钟经过单位面积的热量。单位：J/（cm²·s·℃）。

　　导热率大小决定于土壤含水量、松紧状况、土壤质地、结构和孔隙状况等。干燥、疏松的土壤热量传导慢，潮湿、紧实的土壤，热量传导快。导热率大小反映表土吸热后土温增加的难易程度及温差大小。

　　③土壤导温性：在标准状况下，单位厚度的土层温差为1℃，每秒钟经过单位面积进入的热量使单位体积土壤发生的温度变化，用 D 表示，$D = λ/Cv$，单位：cm/s。

　　（3）土壤温度对土壤肥力和植物生长的影响

　　①土温变化规律。由于太阳辐射能的变化，土壤温度呈现季节变化、昼夜变化及上下土层的差异。表土一般在冬季1—2月温度最低，夏季7—8月温度最高。一天内土壤最高温度出现在13—14时，日出前土壤温度最低。土壤温度的变化幅度，以表层土壤最大，随土层深度增加土壤温度变化幅度逐渐减小。

　　②土壤温度与肥力的关系。大多数土壤微生物活动最适应的温度为15~45℃，土壤温度适合，微生物活动旺盛，土壤有机质分解迅速而彻底，可以释放更多的有效养分以供植物的吸收利用。

　　土壤中各种化学反应，如矿物质的风化、离子吸附与解吸，养分离子扩散等，与土壤温度密切相关，所以温度变化影响土壤养分供应。

③土壤温度对植物生长的影响。土壤温度影响植物种子的萌发，植物种子只有在一定的温度下才能萌发，温度过高、过低都会降低发芽率，所以土壤温度是确定作物播种期的决定性因素；土壤温度影响植物根系生长，一般植物的根系在2~4℃开始缓慢生长，10℃以上根系生长活跃，超过30~35℃根系生长开始受到抑制，土壤温度过高或过低都会影响根系对水分和养分的吸收；土壤温度影响植物营养生长与生殖生长，不同植物的营养生长与生殖生长对温度要求有差异。

（4）土壤温度的调节　土壤温度的调节是保证植物正常生长的必需措施，可以通过以下方式调节。

①深耕、深松、向阳垄作。

②中耕、耙地升温。

③增施有机肥。

④以水调温。如早春和晚秋低温时灌水保温；夏季高温时灌水降温。低洼地排水提高温度。

⑤覆盖与遮阴。秸秆覆盖既减少土壤对太阳辐射的吸收，又减少土壤辐射和蒸发。地膜覆盖可减少土壤辐射，具有增温、保墒、改善土壤理化性状的作用。温室大棚夏季覆盖遮阳网，可降低土壤温度和近地表气温，利于蔬菜生长。

⑥设置风障。寒冷多风地区设置风障能降低风速，减少土壤与冷空气的热交换，有效地防止土温下降，在蔬菜栽培上，利用风障较普遍。

⑦应用土面增温剂，可以防止水分蒸发，提高土壤温度。

二、露地菜园与设施菜园土壤特性与肥力要求

（一）露地菜园土壤特性

菜园土壤作为耕作土壤中的一个特殊类型有其特定的内涵，其显著的特征是土壤经历了熟化过程，即母土在人类集约性的种

植、耕作、施肥（特别是有机肥）、灌溉和改良等措施的影响与定向培育管理条件下，土壤理化性状发生明显变化，有效肥力逐步提高，蔬菜产量逐步趋向高而稳产的过程。与一般土壤比较，露地菜园土壤具有以下特点。

1. 深厚的熟化土层和适宜的地下水位

菜园土壤一般土层深厚，熟化层厚度多在 20cm 以上，厚可达到 40cm，在 60cm 土层内无障碍层次；地势平坦，但不积水，地下水适中，多在 1m 以下，常有回润返潮现象。

2. 良好的物理性状，质地适中，结构良好，疏松透气

蔬菜根系发达，须根及根系分泌物较多；同时，大量有机肥的施入和精耕细作有利于土壤团聚体的形成。因此，土壤结构性较好，容重降低，通气孔增多，三项比协调，水、气、热状况良好。

3. 酸碱度适中，有利于蔬菜生长

适宜多数蔬菜生长的土壤 pH 值以 6.0~7.5 为宜，介于微酸至中性之间（表1-1）。

表1-1　常见蔬菜适宜生长的酸碱度范围

蔬菜	pH 值	蔬菜	pH 值	蔬菜	pH 值
莴苣	6.0~7.0	萝卜	6.0~7.0	甘蓝	6.0~7.0
芹菜	6.0~6.5	番茄	6.0~7.0	菠菜	6.0~7.5
芥菜	5.8~7.0	黄瓜	5.5~7.0	马铃薯	4.8~5.4
胡萝卜	5.3~6.0	花椰菜	5.5~7.5	豌豆	6.0~8.0

4. 保肥、供肥能力强

由于熟化程度高，有机质含量丰富，有机胶体多，因而其保肥力强。理想的菜园土有机质含量多在 30.0g/kg 以上，N、P、K、Ca 营养供应充分、协调。

（二）设施菜园土壤特性

1. 土壤理化性质

（1）土壤物理状况较好　由于设施栽培一般采用沟灌、滴灌等节水灌溉方式，通过渗透作用而浸湿土壤，避免了大水漫灌或雨水冲积而造成的土壤板结，使土壤保持疏松状态，因而通气性能好。此外，有地膜覆盖的土壤有利于团粒结构的培育，从而改善土壤的物理性质。

（2）土壤有机质含量高　设施土壤生物积累量较多，腐殖化作用一般大于矿化物质，施用有机肥量又高，因此，土壤有机质（腐殖质）含量高于露地土壤。

（3）土壤表层盐分浓度高　一方面，设施土壤具有半封闭的特点，不存在自然降雨对土壤的淋溶作用，土壤中积累的盐分难以下渗；另一方面，温室内作物生长旺盛，土壤蒸发和作物蒸腾作用都比露地强，盐分被水带到土壤表层，加重了表层盐分的积累。

（4）土壤容易酸化　温室种植作物茬数多，氮肥特别是硫酸铵施用量过大时，会引起土壤酸化，不仅影响作物对营养元素的吸收，而且直接危害作物的生长发育。

（5）土壤微生态环境恶化　设施土壤环境是处于高温高湿状态，这种环境可能给作物的生长带来有利的一面；与此同时，土传病害及虫害也更易于传播和蔓延，使得一些在露地不难消灭的病虫害在温室内却很难防治。

（6）发生连作障碍　温室内栽培品种比较单一，往往不注意轮作换茬。这种连作的栽培方式，不仅造成土壤养分的比例失调，而且还加重了病虫害的发生。

2. 水、气、热状况

（1）空气湿度较大　温室、大棚中每天的平均空气相对湿度均为90%左右，主要来源于土壤蒸发和作物的蒸腾作用。温室内作物生长旺盛，作物叶面积指数高，通过蒸腾作用释放出大量的水蒸气，在密闭条件下蒸气快速达到饱和，与露地相比，由于温室内空气湿度高于室外，因而温室土壤相对湿润。

（2）土壤含水量高　在保护条件下，土壤水分的主要来源是畦沟渗透的灌溉水或随毛管上升的地下水，土壤蒸发损失很少，因此它能在较长时间内保持一定的土壤含水量。

（3）氧气含量少，二氧化碳浓度相对较大　在设施栽培中，由于植物根系的呼吸作用，消耗氧气并释放出大量二氧化碳气体，而且又难以及时扩散出去，所以，土壤中氧气浓度相对较小，二氧化碳浓度相对较大。同时还有二氧化硫、氨气等一些有害气体。

（4）温度较高　受温室效应的影响，日光温室和大棚中的土壤温度高于露地土壤，冬季温室内的土壤温度要比室外的土壤温度高出 $15\sim20℃$，特别是又有地膜覆盖的土壤温度更高，这种增温效果在冬季和早春尤为明显。

（三）菜园土壤肥力要求

1. 土壤质地疏松，有机质含量高

菜地土壤腐殖质含量应在 3% 以上，蓄肥保肥能力强，能及时供给植物生长不同阶段所需的养分。土壤经常保持水解氮 $70mg/kg$ 以上，代换性钾 $100\sim150mg/kg$，速效磷 $60\sim80mg/kg$，氧化镁 $150\sim240mg/kg$，氧化钙 0.1%~0.14%，以及含有一定量可给态的铁、锰、锌、铜、钼、硼等微量元素。

2. 土壤保水供水和供氧能力强

蔬菜作物根系营养需氧量高，在土壤含氧量 10% 以下时，根系呼吸作用受阻，生长不良，尤其是甘蓝类、黄瓜等，在含氧量 20%~24% 以上时生长良好。蔬菜作物供食器官含水量高，正常生长要求土壤含水量为 60%~80%。土壤供水和通气性取决于土壤中三相分布，适于栽植蔬菜的孔隙度应达到 60% 左右。在土壤含水量达到田间最大持水量时，土壤仍保持 15% 以上的通气量，土深 80cm 处应保持 10%以上通气量。这样才能保证根部的正常生长和代谢所需的氧气量。

3. 促进根系生长，提高根系代谢能力

根系在土体中的分布在很大程度上受土壤环境影响，如土壤水分、空气、土壤紧实度、温度等因素都影响根系生长。适宜的土壤容重为 1.1~1.3g/cm³，当容重达 1.5g/cm³ 时，根系生长受到抑制。土壤翻耕后，硬度应保持在 20~30kg/cm²，才能促进根系生长。根系的呼吸作用、氧化力、酶活性和离子代换力等，都可作为根部代谢强弱的标准。而根系盐基代换量、氧化力、酶活性，可作为衡量根系活力的主要标志。一般根系吸收能力与根的盐基代换量呈正相关。蔬菜作物的阳离子代换量都较高，尤其是黄瓜、莴苣、芹菜等蔬菜的代换量更高。因此菜地土壤中必需含有足够的钙、镁等。

4. 土壤稳温性能好

土壤温度对种子发芽和植株生长有很大影响，对多数蔬菜适宜的地温为 13~25℃，在适宜温度范围内，地温偏低些，有利于生根。土壤温度除了对根系生长直接影响外，它是土壤中生物化学作用的动力，没有一定热量条件，土壤微生物的活动、土壤养分的吸收和释放都不能正常进行。一般好的土壤，其稳温性能较强，低温时降温慢，高温时升温慢。土壤养分含量愈高，土壤温度状况对土壤养分有效化和植物吸收营养过程影响愈大。这种影响主要通过土壤胶体活性作用来实践。土壤溶液中离子的活性和温度密切相关。温度高离子活性强，低温则弱。因此，在一定温度范围内，温度偏高，土壤胶体吸收和保蓄养分能力减弱，即高温时土壤释放养分多，从而增加了土壤溶液浓度；低温时则相反，土壤胶体吸附养分多，因而降低土壤溶液浓度。好的土壤稳温性能好，使土壤胶体处于较稳定的土壤热状况，吸收和释放养分保持一个适宜的比例，既能满足植物养分需要，又不使土壤养分过度淋溶损失。

5. 土壤中不存在有毒物质

一般植物根际土壤含有大量的根分泌物，有碳水化合物、有机酸、氨基酸、酶、维生素等有机化合物和一些钙、钾、磷、钠等无机化合物。不同植物的根分泌物种类和分泌量不同。二氧化碳占根分泌物中较大比例，由二氧化碳形成碳酸，是根吸收养分的代换基质。根部分泌的有机、无机化合物等都是天然微生物养分的来源之一。根分泌的各种酶类，积聚在根际周围，对土壤养分转化起重要作用。

三、土壤障碍及克服措施

近些年，由于蔬菜多年连作、栽培品种单一、栽培管理不当等因素，出现了土壤板结、病虫害加重、品质下降等一系列问题。土壤连作障碍已成为目前蔬菜生产，尤其是设施蔬菜生产中的一大难题，严重制约着设施蔬菜发展。

（一）土壤连作障碍的表现

连作障碍是指同一种或同一类蔬菜连年种植而导致土壤营养失衡，病虫危害加重，使蔬菜产量和品质明显下降的现象。这种现象在蔬菜种植基地最为普遍和常见。连作障碍不仅发生在同一种蔬菜的连年种植，甚至还包括亲缘关系较近的同科作物连年种植，例如辣椒、茄子、番茄等茄科作物连年种植，白菜、萝卜、油菜等十字花科蔬菜的连年种植，等等。其主要表现如下。

1. 土壤化学性质恶化

土壤由于连年采取同一农艺措施，施用同一的化肥，尤其是浅耕、土表施肥、淋溶不充分等情况下，导致土壤结构破坏、肥力衰退、土表盐分积累，加之同一种蔬菜的根系分布范围及深浅一致，吸收的养分相同，极易导致某种养分因长期消耗而缺乏，例如缺钾、钙、镁、硼的现象均有出现。另外，在大棚栽培的特定条件下，导致土壤酸化严重，影响作物正常生长和品质下降。

2. 病虫为害严重

反复种植同类蔬菜作物，土壤和蔬菜的关系相对稳定，使相同病虫大量积聚。尤其是土传病害和地下害虫，如茄子的黄萎病、褐纹病、绵疫病；番茄的早、晚疫病，白绢病、青枯病、病毒病；椒类的炭疽病、病毒病；黄瓜的枯萎病；大白菜的软腐病、根肿病；土栖害虫，如线虫、根蛆等。

3. 土壤生态变差

由于植物根系向土壤中分泌对其生长有害的有毒物质的积累，"自毒"作用被强化，加之土壤酶活性变化，土壤有益菌生长受到抑制，不利于植物生长的微生物数量增加，导致土壤微生物菌群的失衡，影响作物的正常生长。

（二）土壤连作障碍的克服措施

1. 选用抗性品种

多应用对病虫害（如番茄枯萎病、黄萎病、根结线虫）具有高抗或多抗的蔬菜品种。

2. 嫁接育苗

利用抗性强的砧木进行嫁接育苗，可大大增强蔬菜抗病性，防止土传病害的效果为 80%~100%，并提高抗寒性及耐热、耐湿、吸肥能力，进而提高产量。番茄通过嫁接育苗可以防治青枯病、褐色根腐病等病害，黄瓜嫁接可以防治枯萎病、疫病等，而且耐低温能力显著增强。嫁接后的增产效果十分明显，如番茄嫁接后增产 20%~120.9%，黄瓜嫁接后增产 21%~46.8%。

3. 合理轮作

（1）水旱轮作　水旱轮作既可防治土壤病害、草害，又可防治土壤酸化、盐化。种植水稻使土壤长期淹水，既可使土壤病害受到有效控制，还可以水洗酸，以水淋盐，以水调节微生物群落，防治土壤酸化、盐化。从我国的实践来看，水旱轮作是克服连作障碍的最佳方式。

（2）旱地轮作　　旱地轮作可以防治或减轻作物的病虫为害，因为为害某种蔬菜的病菌，未必为害其他蔬菜。旱地轮作中，粮菜轮作效果最好，其次是亲缘关系越远的，轮作效果越好。如茄果类、瓜类、豆类、十字花科类、葱蒜类等轮流种植，可使病菌失去寄主或改变生活环境，达到减轻或消灭病虫害的目的，同时可改善土壤结构，充分利用土壤肥力和养分。

4. 土壤消毒

（1）热水消毒　　此技术是日本农业科技人员开发出来的。其具体做法是，用85℃以上的热水浇淋在土中，杀灭土壤中的病原菌和害虫及虫卵，这种方法简单有效，而且不改变土壤的理化性质，无任何污染。日本现在已经开发出烧水和浇水专用车，在蔬菜地里大规模使用。但在我国，鉴于农户的承受能力和可操作性，热水消毒的办法仅限于在苗床地使用。

（2）高温焖棚　　在设施栽培的条件下，炎夏高温季节，耕翻土地后，盖地膜+大棚膜，将设施密闭，其温度可以达到50℃以上，可以有效地杀灭部分土传病害和虫卵。这种方法简便易行，很适宜当前农民采用。

（3）石灰氮消毒　　石灰氮可纠正土壤酸化，施后盐基浓度也不上升，又可除草，杀灭病虫害。

（4）使用土壤消毒药剂　　土壤连作障碍的主要表现之一就是土传病害的危害，因此，使用药剂进行土壤消毒，可以在一定程度上消除或减弱土壤连作带来的危害。现在市场上的药剂主要有绿亨一号、二号、敌克松等。

5. 合理施肥

（1）合理施用化肥　　化学氮肥用量过高，土壤可溶性盐和硝酸盐将明显增加，病虫为害加重，产量降低，品质变劣。因此，在增施有机肥的基础上，合理施用化学肥料，可以在一定程度上减轻连作障碍。

（2）增施有机肥　　在合理施用化肥的同时，增施有机肥、农家肥，也是减轻、延缓蔬菜连作障碍的措施。增施有机肥可有效改善土壤结构，增强保肥、保水、供热、透气、调温的功能，增加土壤有机质、氮、磷、钾及微量元素含量，提高土壤肥力效能和土壤蓄肥性能，增强土壤对酸碱的缓冲能力，提高难溶性磷酸盐和微量元素的有效性。在土壤营养元素缺乏种类不明确的情况下，大量施用有机肥可以有效地克服连作造成的综合缺素症状。

（3）推广配方施肥　　按计划产量和土壤供肥能力，科学计算施肥量，由单一追氮肥改为复合肥，并要注重对微肥的使用，底肥中要包括锌、镁、硼、铁、铜等元素。

（4）施用生物肥　　可增加土壤中有益微生物，明显改善土壤理化性状，显著提高土壤肥力，增加植物养分的供应量，促进植物生长。

6. 灌水淹田

蔬菜采收结束后，需要再种植蔬菜的田块，可利用夏、秋多雨季节进行灌溉，将土块浸泡 7~10d，可以有效地降低土壤盐分，杀灭部分蔬菜病菌和害虫。这种方法在蔬菜基地比较适用。

7. 改进灌溉技术

设施蔬菜土壤膜下滴灌可改善土壤的生态环境，提高作物的抗病性。使用仿以色列滴灌进行膜下滴灌，与浇灌对比试验，改良土壤、节支增收效果明显。

8. 使用生物制剂

现在市场上防治土壤连作障碍的生物制剂较少，主要有重茬剂等。这些药剂可促进作物根际有益微生物群落大量繁殖，抑制有害菌生长，减少病菌积累，调节营养失衡，酸碱失调，提高根系活力，增强抗性。如"连作"剂，每标准大棚（30m×6m）用量500g，拌入肥料中，按常规施肥法作基肥或结合中耕施于作物根茎部并覆土，可使作物长势旺盛，有效冲销连作障碍，减轻重茬病发生，提高产量。

第四节　常用肥料及新型肥料

一、有机肥料

（一）有机肥料概述

有机肥料是天然有机质经微生物分解或发酵而成的一类肥料。主要来源于植物或动物，如各种动物粪便、植物秸秆等经发酵后形成的农家肥或商品有机肥。与单质化肥相比，有机肥料所含营养物质比较全面，它不仅含有氮、磷、钾，而且还含有钙、镁、硫以及一些微量元素。有机肥料虽然含营养成分的种类比较广泛，但是含量比较少，这些营养元素多呈有机物状态，难以被作物直接吸收利用，必须经过土壤中的化学物理作用和微生物的发酵和分解，使养分逐渐释放，因此肥效长而稳定。另外，施用有机肥料有利于促进土壤团粒结构的形成，使土壤中空气和水的比例协调，使土壤疏松，增加保水、保温、透气、保肥的能力。

常用的自然肥料种类有人粪尿、厩肥、堆肥、沤肥、沼气肥、绿肥等。

（二）有机肥料的作用

1. 供给作物养分和活性物质，提高光合作用强度

有机肥料在土壤内不断矿化的过程中，能持续较长时间供给作物必需的多种营养元素，同时还可供给多种活性物质，如氨基

酸、核糖核酸、胡敏酸和各种酶等。尤其在家畜、家禽粪中酶活性特别高，是土壤酶活性的几十倍到几百倍，既能营养植物，又能刺激作物生长，还能增强土壤微生物活动，提高土壤养分的有效性。有机肥料中含有丰富的碳源，对促进作物生长、提高产量有重要意义。

2. 提高土壤肥力

土壤有机质是衡量肥力水平的主要标志之一，是土壤肥力的物质基础，是补给和更新土壤有机质的物质来源。施用有机肥料时，不断补充被消耗的有机肥料，不断提高土壤有机质含量，不断更新土壤有机质。有机肥料转化为土壤有机质约占土壤有机质年形成量的 2/3，可见要补充有机肥料才能不断更新土壤有机质。很显然，施用有机肥料提高土壤肥力非常重要。

3. 改善土壤理化性质

有机肥料进入土壤后，经微生物分解，缩合成新的腐殖质，它能与土壤中的黏土及钙离子结合，形成有机无机复合体，促进土壤中水稳性团粒结构的形成，从而可以协调土壤中水、肥、气、热的矛盾。降低土壤容重，改善土壤的黏结性和黏着性，使耕性变好。由于腐殖质疏松多孔，可以提高土壤的疏松度和通气性，腐殖质的颜色较深，可以提高土壤的吸热能力，改善土壤热状况。腐殖质疏松多孔吸水蓄水力强，可以提高土壤的保水能力。腐殖质带负电荷，与土壤溶液中的阳离子进行交换，因而可以提高土壤的保肥能力。

4. 提高产品品质

有机肥料含有植物所需要的大量营养成分、各种微量元素、糖类和脂肪。不仅可直接、间接地为作物提供养分，而且可以促进土壤微生物的活动，提高土壤酶活性，活化土壤养分。微生物的代谢物可刺激和促进作物生长，增强作物抗逆、抗旱、抗寒、抗病性，有效减少土壤中有害病菌的繁殖和滋生，提高产品品质。

5. 减轻环境污染

有机废弃物中含有大量病菌虫卵，若不及时处理会传播病菌，使地下水中氨态、硝态和可溶性有机态氮浓度增高，以及地表与地下水富营养化，造成环境质量恶化，甚至危及到生物的生存。因此，合理利用这些有机肥料，既可减轻环境污染，又可减少化肥投入，一举两得。有机肥料还能吸附和螯合有毒的金属阳离子如铜、铅，增加砷的固定。

（三）有机肥的种类

1. 粪尿肥

人体排泄的尿和粪的混合物。人粪含70%～80%水分，20%的有机质（纤维类、脂肪类、蛋白质和硅、磷、钙、镁、钾、钠等盐类及氯化物），少量粪臭质、粪胆质和色素等。人尿含水分和尿素、食盐、尿酸、马尿酸、磷酸盐、铵盐、微量元素及生长素等。人粪尿中常混有病菌和寄生虫卵，施前应进行无害化处理，以免污染环境。人粪尿碳氮比（C/N）较低，极易分解；含氮素较多，腐熟后可作速效氮肥用，作基肥或追肥均可，宜与磷、钾肥配合施用。但不能与碱性肥料（草木灰、石灰）混用；每次用量不宜过多；旱地应加水稀释，施后覆土；水田应结合耕田，浅水匀泼，以免挥发、流失和使作物徒长。忌氯作物不宜用，以免影响品质。

2. 厩肥

家畜粪尿和垫圈材料、饲料残渣混合堆积并经微生物作用而成的肥料。富含有机质和各种营养元素。各种畜粪尿中，以羊粪的氮、磷、钾含量高，猪、马粪次之，牛粪最低；排泄量则牛粪最多，猪、马类次之，羊粪最少。垫圈材料有秸秆、杂草、落叶、泥炭和干土等。厩肥分圈内积制（将垫圈材料直接撒入圈舍内吸收粪尿）和圈外积制（将牲畜粪尿清出圈舍外与垫圈材料逐层堆积）。经嫌气分解腐熟。在积制期间，其化学组分受微生物的作用而发生变化。

厩肥的作用：一是提供植物养分。包括必需的大量元素氮、磷、钾、钙、镁、硫和微量元素铁、锰、硼、锌、钼、铜等无机养分；氨基酸、酰胺、核酸等有机养分和活性物质，如维生素 B_1、维生素 B_6 等。保持养分的相对平衡。二是提高土壤养分的有效性。厩肥中含大量微生物及各种酶（蛋白酶、脲酶、磷酸化酶），促使有机态氮、磷变为无机态，供作物吸收，并能使土壤中钙、镁、铁、铝等形成稳定络合物，减少对磷的固定，提高有效磷含量。三是改良土壤结构。腐殖质胶体促进土壤团粒结构形成，降低容重，提高土壤的通透性，协调水、气矛盾。还能提高土壤的缓冲性。四是培肥地力，提高土壤的保肥、保水力。厩肥腐熟后主要作基肥用。新鲜厩肥的养分多为有机态，碳氮比（C/N）值大，不宜直接施用，尤其不能直接施入水稻田。

3. 堆肥

作物茎秆、绿肥、杂草等植物性物质与泥土、人粪尿、垃圾等混合堆置，经好气微生物分解而成的肥料。多作基肥，施用量大，可提供营养元素和改良土壤性状，尤其对改良砂土、黏土和盐渍土有较好效果。

堆制方法，按原料的不同，分高温堆肥和普通堆肥。高温堆肥以纤维含量较高的植物物质为主要原料，在通气条件下堆制发酵，产生大量热量，堆内温度高（50~60℃），因而腐熟快，堆制快，养分含量高。高温发酵过程中能杀死其中的病菌、虫卵和杂草种子。普通堆肥一般掺入较多泥土，发酵温度低，腐熟过程慢，堆制时间长。堆制中养分化学组成改变，碳氮比值降低，能被植物直接吸收的矿质营养成分增多，并形成腐殖质。

堆肥腐熟良好的条件：一是水分。保持适当的含水量，是促进微生物活动和堆肥发酵的首要条件。一般以堆肥材料量最大持水量的 60%~75% 为宜。二是通气。保持堆中有适当的空气，有利于好气微生物的繁殖和活动，促进有机物分解。高温堆肥时更应注意堆积松紧适度，以利通气。三是保持中性或微碱性环境。可适量加入石灰或石灰性土壤，中和调节酸度，促进微生物繁殖和活动。四是碳氮比。微生物对有机质正常分解作用的碳氮比为25:1。而豆科绿肥碳氮比为 15~25:1，杂草为 25~45:1，禾本科作物茎秆为 60~100:1。因此根据堆肥材料的种类，加入适量的含氮较高的物质，以降低碳氮比值，促进微生物活动。

4. 沤肥

作物茎秆、绿肥、杂草等植物性物质与河、塘泥及人粪尿同置于积水坑中，经微生物厌氧呼吸发酵而成的肥料。沤肥是我国南方水稻产区的主要积肥方式，一般作基肥施入稻田。沤肥可分凼肥和草塘泥两类。凼肥可随时积制，草塘泥则在冬春季节积制。积制时因缺氧，使二价铁、锰和各种有机酸的中间产物大量积累，且碳氮比值过高和钙、镁养分不足，均不利于微生物活动。应翻塘和添加绿肥及适量人粪尿、石灰等，以补充氧气、降低碳氮比值、改善微生物的营养状况，加速腐熟。

5. 沼气肥

作物秸秆、青草和人粪尿等在沼气池中经微生物发酵制取沼气后的残留物。富含有机质和必需的营养元素。沼气发酵慢，有机质消耗较少，氮、磷、钾损失少，氮素回收率达 95%、钾在90% 以上。沼液可以直接用于各种植物的追肥；渣肥可以作基肥。沼气肥出池后应堆放数日后再用。

6. 绿肥

绿肥是用作肥料的绿色植物体，是一种养分完全的生物肥源。种绿肥不仅是增辟肥源的有效方法，对改良土壤也有很大作用。但要充分发挥绿肥的增产作用，必须做到合理施用。

绿肥的作用如下。

（1）能为土壤提供丰富的养分　各种绿肥的幼嫩茎叶，含有丰富的养分，一旦在土壤中腐解，能大量地增加土壤中的有机质和氮、磷、钾、钙、镁和各种微量元素。绿肥作物的根系发达，能大量地增加土壤有机质，改善土壤结构，提高土壤肥力。豆科绿肥作物还能增加土壤中的氮素，据估计，豆科绿肥中的氮有 2/3 是从空气中来的。

（2）能使土壤中难溶性养分转化　以利于作物的吸收利用。绿肥作物在生长过程中的分泌物和翻压后分解产生的有机酸能使土壤中难溶性的磷、钾转化为作物能利用的有效性磷、钾。

（3）能改善土壤的物理化学性状　绿肥翻入土壤后，在微生物的作用下，不断地分解，除释放出大量有效养分外，还形成腐殖质，腐殖质与钙结合能使土壤胶结成团粒结构，有团粒结构的土壤疏松、透气，保水保肥力强，调节水、肥、气、热的性能好，有利于作物生长。

（4）促进土壤微生物的活动　绿肥施入土壤后，增加了新鲜有机能源物质，使微生物迅速繁殖，活动增强，促进腐殖质的形成，养分的有效化，加速土壤熟化。

二、生物肥料

（一）生物肥料概述

生物肥料与化学肥料、有机肥料一样，是农业生产中的重要肥源。

狭义的生物肥料，即指微生物（细菌）肥料，简称菌肥，又称微生物接种剂。它是由具有特殊效能的微生物经过发酵（人工培制）而成的，含有大量有益微生物，施入土壤后，或能固定空气中的氮素，或能活化土壤中的养分，改善植物的营养环境，或在微生物的生命活动过程中，产生活性物质，刺激植物生长的特定微生物制品。

广义的生物肥料泛指利用生物技术制造的、对作物具有特定肥效（或有肥效又有刺激作用）的生物制剂，其有效成分可以是特定的活生物体、生物体的代谢物或基质的转化物等，这种生物体既可以是微生物，也可以是动、植物组织和细胞。

现有生物肥都以有机质为基础，然后配以菌剂和无机肥混合而成。为广泛改善这种一般性和传统性的状况，生物肥料产品则远远超越了现有概念。其将扩大至既能提供作物营养，又能改良土壤；同时还应对土壤进行消毒，即利用生物（主要是微生物）分解和消除土壤中的农药（杀虫剂和杀菌剂）、除莠剂以及石油化工等产品的污染物，并同时对土壤起到修复作用。

（二）生物肥料的作用

生物肥料（微生物肥料）的功效是一种综合作用，主要是与营养元素的来源和有效性有关，或与作物吸收营养、水分和抗病、虫有关。总体来说，生物肥料（微生物肥料）的作用为以下几点。

1. 提高土壤肥力

施用生物肥料，由于减少了化肥对土壤养分、结构等方面的不良影响，同时又使微生物的活动能力得到增强，所以在一定程度上改善了土壤的理化性质，并提高了土壤中某些养分的含量和有效性。施用固氮微生物肥料，可以增加土壤中的氮素来源；解磷、解钾微生物肥料，可以将土壤中难溶的磷、钾分解出来，转变为作物能吸收利用的磷、钾化合物，改善作物的营养条件。

2. 制造和协助农作物吸收营养

根瘤菌侵染豆科植物根部，固定空气中的氮素。开发和利用固氮生物资源，是充分利用空气中氮素的一个重要方面。微生物在繁殖中能产生大量的植物生长激素，刺激和调节作物生长，使植株生长健壮，促进对营养元素的吸收。

3. 增强植物抗病和抗旱能力

由于微生物在作物根部大量生长繁殖，改善了作物根际生态环境，有益微生物和抗病原微生物的作用增加，抑制或减少了病原微生物的繁殖机会，减轻作物的病害；微生物大量生长，菌丝能增加对水分的吸收，使作物抗旱能力提高。

4. 改善和提高作物品质

微生物肥料可将无机元素转化为有益于植物生长的有机化合物，改善土壤氧化还原条件，减低氮素脱氧和氧化过程，从而降低硝酸盐含量。使用微生物肥料后对于提高农产品品质，如提高蛋白质、糖分、维生素等的含量等有一定作用。

5. 减少了环境污染

化肥施入土壤后，除被作物吸收利用的部分外，还有相当部分通过渗漏、挥发及硝化与反硝化等途径损失，因此将不可避免地导致对大气、水体及土壤等环境的污染，在能量和经济上也是一种浪费。而施用生物肥料如固氮类生物肥料，不仅可适当减少化学肥料的施用量，而且因其所固定的氮素直接贮存在生物体内，相对而言，对环境污染的机会也就小得多。

（三）生物肥料的种类

根据生物肥料对改善植物营养元素的不同，可分为以下几类。

1. 根瘤菌肥料

能在豆科植物根上形成根瘤，可同化空气中的氮气，改善豆科植物氮素营养，有花生、大豆、绿豆等根瘤菌剂。

2. 固氮菌肥料

能在土壤中和许多作物根际固定空气中的氮气，为作物提供氮素营养；又能分泌激素刺激作物生长，有自生固氮菌、联合固氮菌。

3. 磷细菌肥料

能把土壤中难溶性磷转化为作物可以利用的有效磷，改善作物磷素营养，种类有磷细菌、解磷真菌、菌根菌等。

4. 硅酸盐细菌肥料

能对土壤中云母、长石等含钾铝硅酸盐及磷灰石进行分解，释放出钾、磷与其他灰分元素，改善植物的营养条件，有硅酸盐细菌、解钾微生物等。

5. 复合菌肥料

含有两种以上有益微生物，它们之间互不拮抗并能提高作物一种或几种营养元素的供应水平，并含有生理活性物质。

6. 光合细菌肥料

光合细菌肥料发展很快，主要用于畜禽饲养和水产养殖，也可以用于农作物拌种和叶面喷施。

三、化学肥料

（一）化学肥料概述

化学肥料简称化肥。一般指用化学或物理方法人工制成的含有一种或几种植物物生长需要的营养元素的肥料。化学肥料的有效成分高，肥效快，便于贮存和施用，但是不含有机质，培肥作用差，长期大量单独使用同一品种化肥，对土壤会造成不良的影响，导致肥力下降。

土壤中的常量营养元素氮、磷、钾通常不能满足作物生长的需求，需要施用含氮、磷、钾的化肥来补足。而微量营养元素中除氯在土壤中不缺外，另外几种营养元素则需施用微量元素肥料。化肥一般是无机化合物，虽然尿素等是有机化合物，但习惯上，将化肥常称作无机肥料。凡只含一种可标明含量的营养元素的化肥称为单元肥料，如氮肥、磷肥、钾肥等。凡含有氮、磷、钾3种营养元素中的两种或两种以上且可标明其含量的化肥称为复合肥料或混合肥料。

化肥种类繁多、性质各异，根据主要营养元素的种类及作用，一般分为氮肥、磷肥、钾肥、微量元素肥料和复合肥料等。

（二）化学肥料的作用

1. 增加作物产量

国内外农化专家普遍认为，在其他生产因素不变的情况下，农作物施用化肥可增加产量 40%~65%。在世界不同地区不同作物上的肥效试验结果也颇为一致，化肥在粮食增产中的作用，包括当季肥效和后效，均为 50%左右。

2. 提高土壤肥力

国内外 10 年以上的长期肥效试验结果证明，连续地、系统地施用化肥都将对土壤肥力产生积极的影响。每年每季投入农田的化肥，一方面直接提高土壤的供肥水平，供应作物的养分；另一方面，在当季作物收获后，将有相当比例养分残留土壤，或被土壤吸持，或参与土壤有机质和微生物体的组成，进而均可被第二季、第二年以及往后种植的作物持续利用，这就是化肥后效。

3. 发挥良种潜力

现代作物育种的一个基本目标是培育能吸收和利用更多肥料养分的作物新种，以增加产量、改善品质。因此，高产品种可以认为是对肥料具有高效益的品种。肥料投入水平成为良种良法栽培的一项核心措施。

4. 补偿耕地不足

生产实践表明，增加施肥量，可以从较小面积耕地上收获更多农产品，如降低施肥量，则必须用较大面积耕地去收获相同数量的农产品。

5. 增加有机肥量

农牧产品的生物循环必然将相当数量的化肥养分保存在有机肥中。有机肥成为化肥养分能不断再利用的载体。因此，充分利用有机肥源，不仅可发挥有机肥的多种肥田作用，也是充分发挥化肥作用，使化肥养分能持续再利用的重要途径。

6. 发展绿色资源

化肥作为一种基本肥源，是发展经济作物、森林和草原等绿色资源的重要物质基础。粮食和多种农副产品的丰足，也有力地促进退耕还林、还草的大面积实施和城乡的大规模绿化，为在宏观上治理水土流失，保护和改善生态环境提供可靠的基础。

（三）化学肥料的种类

1. 氮肥

氮是蛋白质构成的主要元素，蛋白质是细胞原生质组成中的基本物质。氮肥增施能促进蛋白质和叶绿素的形成，使叶色深绿，叶面积增大，促进碳的同化，有利于产量增加，品质改善。氮肥按其氮素化合物的形态分为铵态氮肥、硝态氮肥和酰胺态氮肥 3 类。

（1）铵态氮肥 凡氮肥中的氮素以 NH_4^+ 或 NH_3 形态存在的均属铵态氮肥。包括液氨、氨水、碳酸氢铵（简称碳铵）、硫酸铵（简称硫铵）、氯化铵（简称氯铵）。

液氨：呈碱性反应，宜于秋冬季作基肥。要深施覆土。

氨水：呈碱性反应，可作基肥、追肥，但不能作种肥。是氨的水溶液，浓度一般是 20% 左右。氨水是混合物，含有 NH_3、H_2O、$NH_3 \cdot H_2O$、NH_4^+、OH^- 等粒子。易分解，易挥发，使用时必须稀释。要深施覆土。

碳酸氢铵：水溶液呈碱性，有强烈的刺激性臭味，易溶于水，易被作物吸收，易分解挥发，长期使用也不会影响土质。可作基肥或追肥使用，但不能作种肥。追肥时要埋施，及时覆土，以免氨气挥发烧伤秧苗。

硫酸铵：属生理酸性肥料。水溶液呈酸性，可作基肥、追肥和种肥。要深施覆土。硫酸铵性质较稳定，长期施用，土壤易结块、硬化，有使土壤酸化趋势，要定期用熟石灰改良土壤（但熟石灰切勿和肥料同时使用)。

氯化铵：属生理酸性肥料。水溶液呈酸性，可作基肥、追肥，但不能作种肥。要深施覆土。长期施用，有使土壤酸化趋势。酸性土壤、盐碱地及忌氯作物（果树、烟草等）不宜施用氯化铵。氯化铵是水田较好的氮肥。

（2）硝态氮肥　凡氮肥中的氮素以 NO_3^- 形态存在的均属硝态氮肥。包括硝酸钙、硝酸钠、硝酸铵（简称硝铵）等。

硝铵：水溶液呈酸性，宜作追肥，一般不作基肥，且不能作种肥。硝酸铵宜作旱田作物的追肥，以分次少量施用较为经济。硝铵一般不用于水稻田。

硝酸钙：溶于水，水溶液呈碱性。宜作追肥，但不能作种肥。适宜于各种土壤，特别是在酸性土壤或缺钙的盐渍土壤上施用效果更好。

硝酸钠：生理碱性肥料。宜作旱田作物的追肥。对烟草、果树、蔬菜、糖料等经济作物特别是喜 Na^+ 的萝卜、甜菜、十字花科蔬菜等施用效果较好，但不宜在茶树及马铃薯等植物上施用。

（3）酰胺态氮肥　氮素以酰胺（$CO-NH_2$）形态存在的氮肥，属酰胺态氮肥，如尿素。

尿素：水溶液呈中性，适宜于各种土壤和作物，可作基肥、追肥及叶面喷施用（喷施浓度为 1%~2%），一般不作种肥。尿素是固体氮肥中含氮量最高的一种，尿素不如硫铵肥效发挥迅速，追肥时要比硫铵提前几天施用。不论在那种土壤上施用，都应适当深施或施用后立即灌水。尿素不含副成分，连年施用也不致破坏土壤结构。

2. 磷肥

磷是形成细胞核蛋白、卵磷脂等不可缺少的元素。磷元素能加速细胞分裂，促使根系和地上部加快生长，促进花芽分化，提早成熟，提高果实品质。根据磷肥中磷酸盐的溶解性质可将磷肥分为水溶性磷肥、弱酸溶性磷肥和难溶性磷肥。

（1）水溶性磷肥　包括普通过磷酸钙和重过磷酸钙。它们的共同特点是肥料中所含磷酸盐均以水溶性磷酸一钙 $[Ca(H_2PO_4)_2 \cdot H_2O]$ 形态存在，易溶于水，可被植物直接吸收，为速效性磷肥。

过磷酸钙：简称普钙，为酸性速溶性肥料，呈酸性，具有吸湿性和腐蚀性，施入土壤后易被土壤固定而降低肥效，可作基肥、种肥和追肥。在施用时宜集中施用或和有机肥料混合施用，这样可以降低磷的固定，从而提高肥效。注意不能与碱性肥料混施，以防酸碱性中和，降低肥效；主要用在缺磷土壤上，施用要根据土壤缺磷程度而定，叶面喷施浓度为 1%~2%。

重过磷酸钙（重钙）：是一种高浓度磷肥，由于其有效磷含量是普钙的 2~3 倍，因此习惯上也称三料磷肥或三料过磷酸钙。施用重钙的有效方法和过磷酸钙相同，重钙有效成分含量高，用量要相对减少。

（2）弱酸溶性磷肥　凡所含磷成分溶于弱酸（2%柠檬酸、中性柠檬酸铵或微碱性柠檬酸铵）的磷肥，统称为弱酸溶性磷肥。包括钙镁磷肥、钢渣磷肥、沉淀磷肥和脱氟磷肥等。

钙镁磷肥：是一种以含磷为主，同时含有钙、镁、硅等成分的多元肥料，不溶于水的碱性肥料，适用于酸性土壤，肥效较慢，作基肥深施比较好。其在酸性土壤上的肥效相当或超过过磷酸钙，而在石灰性土壤上的肥效低于过磷酸钙。与过磷酸钙、氮肥不能混施，但可以配合施用，不能与酸性肥料混施，在缺硅、钙、镁的酸性土壤上效果好。

（3）难溶性磷肥　凡所含磷成分只能溶于强酸的磷肥均称为难溶性磷肥。包括磷矿粉、鸟粪磷矿粉和骨粉等。

3. 钾肥

钾元素的营养功效可以提高光合作用的强度，促进作物体内淀粉和糖的形成，增强作物的抗逆性和抗病能力，还能提高作物对氮的吸收利用。在生产上常用的钾肥有：碳酸钾（K_2CO_3）、硫酸钾（K_2SO_4）、氯化钾（KCl）等，农村中常用的钾肥是草木灰（主要成分是碳酸钾，它的水溶液呈碱性）。

（1）氯化钾　是中性、生理酸性的速溶性肥料，一般不宜用于甜菜、葡萄、甘蔗、马铃薯、西瓜、茶树、烟草、柑橘等忌氯作物。可作基肥和追肥，但不能作种肥（氯离子会影响种子的发芽和幼苗生长）。在酸性土壤上施用氯化钾应配合石灰和有机肥料。

（2）硫酸钾　为中性、生理酸性的速溶性肥料，适用于各种作物，可用作基肥（深施覆土）、追肥（以集中条施和穴施为好），也可作根外追肥使用，根外追肥浓度以 2%~3% 为宜。

（3）草木灰　植物残体经燃烧后所剩下的灰烬统称草木灰，草木灰中的钾 90% 为碳酸钾，其次是硫酸钾，氯化钾较少，水溶液呈碱性，不宜与铵态氮肥、腐熟的有机肥和水溶性磷肥混用。适用于多种作物和土壤，可作基肥、追肥、盖种肥和根外追肥。

4. 钙、镁、硫肥

中量元素是作物生长过程中需要量次于氮、磷、钾而高于微量元素的营养元素，通常指钙、镁、硫 3 种元素。含有钙、镁、硫的肥料，分别称之为钙、镁、硫肥。

（1）钙肥　含钙的肥料有石灰、石膏、硝酸钙、石灰氮、过磷酸钙等。石灰是酸性土壤上常用的含钙肥料，石膏是碱性土常用的含钙肥料，硝酸钙、氯化钙、氢氧化钙可用于叶面喷施，浓度因肥料、作物而异，在果树、蔬菜上硝酸钙喷施浓度为 0.5%~1.0%。

（2）镁肥　含镁的肥料有硫酸镁、水镁矾、泻盐、氯化镁、硝酸镁、氧化镁、白云石、钙镁磷肥等。质地偏轻的土、酸性土、高淋溶的土及大量施磷肥的地块，易发生缺镁。镁肥用量因土壤作物而异，一般每亩以纯镁计为 1~2kg。硫酸镁、硝酸镁可叶面喷施，在蔬菜上喷施浓度，硫酸镁为 0.5%~1.5%，硝酸镁为 0.5%~1.0%。

（3）硫肥　含硫的肥料有石膏、硫磺、硫酸镁、硫酸铵、硫酸钾、过磷酸钙等。谷类和豆科作物，在土壤有效硫低于 12mg/kg 时就会发生缺硫，对硫敏感的作物有十字花科、豆科作物及葱、蒜、韭菜等。硫肥每公顷用量石膏为 150~300kg，硫黄为 30kg。

5. 微量元素肥料

微量元素肥料（简称微肥），是指含有微量元素养分的肥料可以是含有一种微量元素的单纯化合物，也可以是含有多种微量和大量营养元素的复合肥料和混合肥料。可用作基肥、种肥或喷施等。常用的微肥主要有钼肥、硼肥、锰肥、锌肥、铜肥、铁肥等。

（1）硼肥　主要是硼酸和硼砂。它们都是易溶于水的白色粉末，含硼量分别是 17% 和 13%。通常把 0.05%~0.25% 的硼砂溶液施入土壤里。

（2）钼肥　常用的是钼酸铵，含钼约 50%，并含有 6% 的氮，易溶于水。常用 0.02%~0.1% 的钼酸铵溶液喷洒。它对豆科作物和蔬菜的效果较好，对禾本科作物肥效不大。

（3）锌肥　主要是七水硫酸锌（$ZnSO_4 \cdot 7H_2O$，含 Zn 约 23%）和氯化锌（$ZnCl_2$，含 Zn 约 47.5%）。它们都是易溶于水的白色晶体。施用时应防止锌盐被磷固定。通常用 0.02%~0.05% 的 $ZnSO_4 \cdot 7H_2O$ 溶液浸种或用 0.01%~0.05% 的 $ZnSO_4 \cdot 7H_2O$ 溶液作叶面追肥。

（4）铁肥　常用绿矾（$FeSO_4 \cdot 7H_2O$）。把绿矾配制成

0.1%~0.2%的溶液施用。

（5）锰肥　常用的是硫酸锰晶体（$MnSO_4 \cdot 3H_2O$），含锰 26%~28%，是易溶于水的粉红色结晶。一般用含锰肥 0.05%~ 0.1%的水溶液喷施。

（6）铜肥　常用的是五水硫酸铜（$CuSO_4 \cdot 5H_2O$），含铜 24%~25%，是易溶于水的蓝色结晶。一般用 0.02%~0.04%的 溶液喷施，或用 0.01%~0.05%的溶液浸种。

6. 复合肥料

复合肥料是指由化学方法或混合方法制成的，在成分中同时 含有氮、磷、钾三要素或只含其中任何两种元素的化学肥料。

复合肥料具有养分含量高，副成分少，养分释放均匀，肥效 稳而长，便于贮存和施用等优点。但它的养分比例固定，很难适 于各种土壤和各种作物的不同需要，常要用单质肥料补充调节。

根据制造方法一般将复合肥料分为化合复合肥料、混合复合 肥料、掺合复合肥料 3 种类型。

（1）化合复合肥料　在生产工艺流程中发生显著的化学反 应而制成的复合肥料。一般属二元型复肥，无副成分。如磷酸 铵、硝酸磷肥、硝酸钾和磷酸钾等是典型的化合复肥。

①磷酸铵：是以磷为主的氮磷复合肥料，含氮 12%~18%，含 P_2O_5 46%~56%，适用于各种作物和多种土壤，最适合条施 作基肥，亩用量 7~10kg，撒施作基肥每亩 25~30kg。其中磷酸 一铵呈酸性，磷酸二铵呈碱性，二者均易溶于水，水溶液为中 性，有一定的吸湿性。

磷酸一铵和磷酸二铵：是以磷为主的高浓度速效氮、磷二元 复合肥，易溶于水，磷酸一铵为酸性肥料，磷酸二铵为碱性肥 料，适用于各种作物和土壤，主要作基肥，也可作种肥。

②氮磷钾复合肥：含氮磷钾各约 10%，淡褐色颗粒。氮钾 均为水溶性，有一部分磷是水溶性的。主要用作基肥，亩用量

25~30kg。

③磷酸二氢钾：含 P_2O_5 24%、K_2O 21%，白色易溶于水，一般用于黄瓜无土育苗及无土栽培生产。因价格较高，在大面积生产中多用于根外追肥。

（2）混合复合肥料　通过几种单元肥料，或单元肥料与化合复肥简单的机械混合，有时经二次加工造粒而制成的复合肥料，叫混合复合肥料。如尿素磷铵钾、硫磷铵钾、氯磷铵钾、硝磷铵钾等三元复合肥。

（3）掺合复合肥料　将颗粒大小比较一致的单元肥料或化合复肥作基料，直接由肥料销售系统按当地的土壤和农作物要求确定的配方，经称量配料和简单的机械混合而成，简称 BB 肥。如由磷酸铵与硫酸钾及尿素固体散装掺混的三元复合肥等。

四、新型肥料

（一）缓效肥料

也称长效肥料、缓释肥料，这些肥料养分所呈的化合物或物理状态，能在一段时间内缓慢释放，供植物持续吸收和利用，即这些养分施入土壤后，难以立即为土壤溶液所溶解，要经过短时的转化，才能溶解，才能见到肥效，但肥效比较持久，肥料中养分的释放完全由自然因素决定，并未加以人为控制，如钙镁磷肥、钢渣磷肥、磷矿粉、磷酸二钙、脱氟磷肥、磷酸铵镁、偏磷酸钙等，一些有机化合物有脲醛、亚丁烯基二脲、亚异丁基二脲、草酰胺、三聚氰胺等，还有一些含添加剂（如硝化抑制剂、脲酶抑制剂等）或加包膜肥料，前者如长效尿素，后者如包硫尿素都列为缓效肥料，其中长效碳酸氢铵是在碳酸氢铵生产系统内加入氨稳定剂，使肥效期由 30~45d 延长到 90~110d，氮利用率由 25% 提高到 35%。缓效肥料常作为基肥使用。

(二) 控释肥料

控释肥料属于缓效肥料，是指肥料的养分释放速率、数量和时间是由人为设计的，是一类专用型肥料，其养分释放动力得到控制，使其与作物生长期内养分需求相匹配。如蔬菜 50d、稻谷 100d、香蕉 300d 等和各生育段（苗期、发育期、成熟期）需配的养分是不相同的。控制养分释放的因素一般受土壤的湿度、温度、酸碱度等影响。控制释放的手段最易行的是包膜方法，可以选择不同的包膜材料、包膜厚度以及薄膜的开孔率来达到释放速率的控制。

第二章 豆类蔬菜科学施肥方法与原则

第一节 豆类蔬菜科学施肥方法

一、科学施肥的基本原理

(一) 养分归还学说

由于不断地栽培植物，土壤中的矿物质势必会被不断地消耗，如果不把土壤中被带走的养分归还给土壤，那么土壤最后将变得十分贫瘠。只有将每次种植和收获作物从土壤中取走的大量养分及增产所需养分归还和补充给土壤，才能达到既肥土，又肥苗，增加产量的目的。

(二) 最小养分律

作物生长发育需要多种养分，但决定作物产量的却是土壤中相对含量最小的那种养分，如果无视这种养分的短缺，即使其他养分非常充分，也难以提高产量。只有补充了这一养分，作物产量才能提高。

最小养分律可用装水木桶来形象地进行解释。以木板表示作物生长所需要的多种养分，木板的长短表示某种养分的相对供应量，最大盛水量表示产量，很显然，盛水量决定于最短木板的高度。要增加盛水量，必须首先增加最短木板的高度。

值得注意的是，最小养分不是固定不变的，它随作物种类、产量水平、施肥情况等条件而变化。一种最小养分得到满足后，另一种养分就可能成为新的最小养分。施肥应根据最小养分律决定重点应施什么肥料，否则，就会使土壤养分失去平衡，不仅浪费投资，而且难以获得高产。

（三）最适因子律

作物生长受多种因素的影响，每一因素变化的范围很大，而植物对某一因素的适应范围有限，只有各因素条件都处于最适宜作物生长的范围时，才能获得最理想的产量。

尽管作物对微量元素的需要量很少，但缺乏则出现缺素症，影响产量。而过量又极易形成毒害。再如，任何单一或复合肥用量过大，土壤溶液浓度提高，也会造成盐害。

（四）报酬递减律

在生产条件相对稳定的前提下，随着施肥量增加，作物总产量也随着增加，但是施肥量越多，单位施肥量的增产量越少，即作物的增产量随着施肥量的增加而逐渐减少。所以施肥数量要适当。一般可根据以下变化，选择适宜的肥料用量。

1. 增施肥料的增产量×产品单价>增施肥料量×肥料单价。此时增施肥料经济上是有利的，既增产又增值。

2. 增施肥料的增产量×产品单价＝增施肥料量×肥料单价。此时施肥的总收益最高，可称为最佳施肥量。

3. 如果达到最佳施肥量后，再增施肥料，则其增产量×产品单价<增施肥料量×肥料单价。此时增施肥料会使作物略有增产，甚至达到最高产量，但增施肥料反而成了赔本买卖，使总收益下降。

4. 达到最高产量后，增施肥料则会导致减产。

报酬递减现象已经为国内外无数肥料试验结果所证实。因此，在施肥中要利用报酬递减律，经常研究投入（施肥）和产出（报酬）的关系，适量施肥，不要盲目求最高产量，把有限的肥料应首先投入中、低产地区或田块，这样才能获得最高的总收益。

（五）因子综合作用律

作物的产量是由影响作物生长的各种因子，如水分、养分、温度、光照、空气、品种、耕作措施等综合作用的结果。其中必然有一个起主导作用的限制因子，产量也在一定程度上受到该限制因子的制约。科学施肥是这众多因子中的重要因子之一。为了充分发挥肥料的增产作用和提高肥料的经济效益，一方面，施肥措施必须与农业技术措施密切配合，另一方面，各种肥料养分之间的配合施用，也应因地制宜地加以综合运用，形成一个与农业技术体系相适应的完整的施肥技术体系，这样才能使有限的肥料发挥最大的增产效果。

二、科学施肥的依据

（一）根据土壤种类施肥

对酸性土壤，宜施用生理碱性肥料，以中和酸性，如石灰、草木灰、钙镁磷肥。对碱性土壤，宜施用化学酸性和生理酸性肥料，如硫酸铵、过磷酸钙，以中和碱性。对沙性大、黏性小的土壤，根据其发肥快、保肥差的特点，有机肥作基肥，化肥作追肥，集中施入。各种土壤均应以农家肥为基础，也应根据土壤质地选择适种作物。沙土宜种甘薯、马铃薯、花生、西瓜、南瓜等；砂壤土宜种高粱、谷子、马铃薯、小麦、麻类、甘蓝等；壤土宜种小麦、大豆、高粱、谷子、水稻、玉米、马铃薯等；黏壤土宜种玉米、大豆、小麦、高粱、水稻、豆类等；黏土宜种水稻、稗子等。微肥也应根据土壤性质施用。对砂壤土和碱性土或土壤干旱时增施硼，有机质含量低的土壤宜增施速效锌，碱性或灌水多的土壤宜增施铁肥，酸性土壤要重视钼肥施用。

（二）根据作物所需养分施肥

不同作物，所需养分不同。以生产茎叶为主的蔬菜、茶、桑等作物，宜多施氮肥；生产块根、块茎类的作物，如马铃薯、甘薯等，宜多施钾肥；豆类作物相应多施磷肥。作物在不同生长期，需肥情况也不同。小麦拔节期，棉花花铃期，玉米喇叭口至抽穗初期，油菜花期，水稻伸苗期，都是需养分最多时期，这时施肥能收到最大的效果。作物对微肥的需要也不一样。小麦、油菜、棉花对硼反应敏感，施硼可降低棉花落蕾率，增加小麦、油菜结实率。锌肥对水稻有增产作用，豆科作物需钼较多。大麦、蔬菜、马铃薯需铜肥多。

（三）根据肥料特性施肥

有机肥料既能肥苗，又能肥土，常作基肥；化肥以肥苗为主，常用作追肥。肥料形态不同，施用方法和对象也不同。硝态氮肥不易被土壤吸收，用于水田或多雨季节。钙镁磷肥呈碱性，宜施呈酸性的土壤。硫酸铵、氯化铵等铵态肥及人粪，不能与草木灰、石灰混合施用；碳酸氢铵等氮肥，易挥发，宜深施，随施随埋。相反，有些肥料混施却更能发挥作用，如硫酸铵和过磷酸铵混施，由于后者是碱性物质，有中合酸性效果，混合施用肥效更佳。化肥亦可与一些农药混用（注意酸、碱性不同不能混合），达到既肥田又防治病虫害的目的。

（四）根据生态环境施肥

农业生产与农业生态环境条件关系密切，依据当地农业生态环境（主要是温度、光照、降雨等气候条件与农业技术措施）进行施肥，对植物的生长发育、产量形成、经济效益和当地农业的可持续发展具有重要意义。

三、科学施肥的施肥方式

施肥是调节土壤中养分供需状况和提高土壤肥力、增加产量的重要措施，但是必须科学施肥才能达到增产的目的，否则不仅造成浪费，而且还可能产生各种副作用，进而引起环境污染。植物生产中，一般采用基肥、种肥和追肥相结合的施肥方式。

（一）基肥

基肥，也叫底肥，是在播种或移植前施用的肥料，一般来讲，基肥用量较大（占总用肥量的一半以上）。它主要是供给植物整个生长期中所需要的养分，为作物生长发育创造良好的土壤条件，也有改良土壤、培肥地力的作用。

作基肥施用的肥料大多是迟效性的肥料。厩肥、堆肥、家畜粪等是最常用的基肥。化学肥料的磷肥和钾肥一般也作基肥施用。化肥的氮肥，如氨水、液氨，以及碳酸氢铵、沉淀磷酸钙、钙镁磷肥、磷矿粉等化肥均适作基肥。

基肥的深度通常在耕作层，可以在犁底条施（如氨水等），或和耕土混合施（如有机肥料或磷矿粉），也可以分层施用。

（二）种肥

种肥是最经济有效的施肥方法。它是在播种或移栽时，将肥料施于种子附近或与种子混播供给作物生长初期所需的养料。由于肥料直接施于种子附近，要严格控制用量和选择肥料品种，以免引起烧种、烂种，造成缺苗断垄。

常用作种肥的肥料有腐熟的有机肥料、腐殖酸、氨基酸固体、液体肥、微生物肥料、速效性化肥。碳酸氢铵、氯化铵、尿素原则上不宜作种肥。尿素中的缩二脲对种子有毒害作用，若用作种肥，要严格控制用量和选用缩二脲小于2%的尿素，每亩用量2.5kg。速效氮肥每亩用量2.5～5kg；磷铵或三元素复合肥

2. 5~5kg；腐殖酸、氨基酸类液体肥稀释 600~800 倍液；微肥一般稀释浓度到 0. 1%~0. 05%。

种肥的施用方法有多种，如：拌种、浸种、条施、穴施或蘸根。拌种是用少量的清水，将肥料溶解或稀释，喷洒在种子表面，边喷边拌，使肥料溶液均匀地沾在种子表面，阴干后播种的一种方法。浸种是把肥料溶解或稀释成一定浓度的溶液，按液种 1：10 的比例，把种子放入溶液中浸泡 12~24h，使肥料液随水渗入种皮，阴干后随即播种。蘸根是指对移植作物，在移栽前，把肥料稀释成一定浓度（一般是 0. 01%~0. 1%）的溶液，把作物的根部往肥液中蘸一下即插栽。用作种肥的肥料要求养分释放要快，不能过酸、过碱，肥料本身对种子发芽无毒害作用。

（三）追肥

追肥是指在作物生长过程中加施的肥料。追肥的作用主要是为了供应作物某个时期对养分的大量需要，或者补充基肥的不足。追肥施用的特点是比较灵活，要根据作物生长的不同时期所表现出来的元素缺乏症，对症追肥。

氮钾追肥是最常见的化肥种类。在作物生长期间施用的肥料，一般多用速效性氮肥。

（四）叶面追肥

叶面追肥是一种用肥少，见效快的辅助性施肥措施。尤其是在作物生长的中、后期，由于根系吸收养分不足，需要补充作物养分时，或者是不适合进行根施的肥料（如微量元素肥料），可以进行根外追肥。

叶面追肥应根据不同种类蔬菜的不同生育期选择合适的肥料。果类、瓜类、豆类蔬菜在幼苗发育期应叶面追施磷肥、钾肥、锌肥、钼肥，如磷酸二氢钾、硫酸钾、钼酸铵、鸡粪发酵滤液、增产素等，以促进果实膨大，改善品质；薯类蔬菜在膨大期应叶面喷施含磷、钾丰富的肥料，如过磷酸钙浸出液、草木灰浸出液、磷酸二氢钾、磷酸铵等；叶类蔬菜应在整个生育期适时适量叶面追施含氮量高的肥料，如尿素、腐熟的人畜尿液等。叶面施肥所使用的肥料除了尿素、磷酸二氢钾、复合肥等常用的大量元素化肥外，许多厂家还研制出适合叶面喷施的微肥或氨基酸肥料，喷洒后有一定的效果。但是蔬菜生长发育所需的营养元素主要来自土壤施肥，叶面施肥只能作为一种辅助方法。

喷施的肥液浓度，前期宜淡，中后期宜浓；亩（1 亩 ≈ 667m^2。全书同）用量前期较少，中后期较多。尿素的适宜浓度为 0.3%～0.5%，亩用量为 50～100kg；硫酸铵、硫酸钾的适宜浓度为 0.2%～0.4%，亩用量为 80～100kg；磷酸二氢钾的适宜浓度为 0.2%～0.3%，亩用量为 50～60kg；过磷酸钙浸出液的适宜浓度为 1%～3%，亩用量为50～100kg；硼酸的适宜浓度为 0.03%～0.1%，亩用量为 50～80kg；对草木灰浸出液的配制，每亩可用草木灰 15kg 加热水 10kg，浸泡 24h，滤渣后加水 50～75kg。

叶面喷肥应在无风的晴天进行，最好喷后有 3～4d 的晴天，以傍晚喷施最好，早晨露水干后也可喷施。第一次喷后每隔 7～10d 喷一次，连续喷 3～4 次。喷施的肥液应现配现用，不可久放。

第二节　豆类蔬菜生产施肥原则

一、无公害蔬菜生产施肥原则

（一）施肥原则

无公害蔬菜，是指蔬菜中的农药残留、重金属、硝酸盐等各种污染及有害物质的含量，控制在国家规定的范围内，人们食用后不足以对人体健康造成危害的蔬菜。无公害蔬菜施肥以提高土壤肥力、降低蔬菜硝酸盐含量、改善品质和提高产量为指导思想。无公害蔬菜生产的施肥原则如下：以有机肥为主，辅以其他肥料；以多元复合肥为主，单元素肥料为辅；以施基肥为主，追肥为辅。尽量限制化肥的施用，如确实需要，可以有限度有选择地施用部分化肥。不使用硝态氮肥，其他氮肥一般亩用量不得超过 25kg，化肥必须与有机肥配合使用，少施叶面肥。

1. 以符合国家标准《农产品安全质量无公害蔬菜要求》为原则

施肥不应造成环境污染，并兼顾高产、高效益。

2. 以有机肥为主、化肥为辅的原则

重视优质有机肥的施用，合理配施化肥，有机氮与无机氮之比不低于 1∶1，用地养地相结合。

3. 平衡施用化肥的原则

以土壤养分测定结果和蔬菜需肥规律为依据，按照平衡施肥的要求确定肥料的施用量。其主要内容是以控氮为主的氮、磷、钾及钙、镁和各种微量元素的合理搭配，使各种营养元素之间保持合理的比例，达到全面均衡营养，避免蔬菜产品中硝酸盐的过量累积和防止土壤状况恶化而造成的土壤板结和酸化。一般最高无机氮施用限量为 15kg/亩，而无机磷肥、钾肥施用量则视土壤肥力状况而定。在忌氯蔬菜上禁止使用含氯化肥；叶菜类和根菜类蔬菜不得施用硝态氮肥。

4. 营养诊断追肥的原则

根据蔬菜生长发育的营养特点和土壤、植株营养诊断进行追肥，以及时满足蔬菜对养分的需要。对于一次性收获的蔬菜，特别是叶菜类，收获前 20 天内不得追施氮肥；对于连续结果的蔬菜，追肥次数不要超过 4~5 次。

（二）允许使用的肥料种类

1. 优质有机肥

如堆肥、厩肥、沼气肥、绿肥、作物秸秆、泥肥、饼肥等，施用前应充分腐熟。

2. 生物菌肥

包括腐殖酸类肥料、根瘤菌肥料、磷细菌肥料、复合微生物肥料等。

3. 无机肥料

如硫酸铵、尿素、过磷酸钙、硫酸钾等既不含氯、又不含硝态氮的氮磷钾化肥，以及各地生产的蔬菜专用肥。

4. 微量元素肥料

即以铜、铁、硼、锌、锰、钼等微量元素及有益元素为主配制的肥料。

5. 其他肥料

如骨粉、氨基酸残渣、家畜加工废料、糖厂废料等。

（三）施肥时应注意的问题

1. 有机肥在使用前必须进行无公害处理

如经高温充分腐熟，以减少病虫害的传播，应特别倡导施用经过沼气转化后的沼渣、沼液肥等有机肥。人粪尿及厩肥要充分发酵腐熟，并且追肥后要浇清水冲洗。

2. 化肥要深施、早施

深施可以减少氮素挥发，延长供肥时间，提高氮素利用率，早施则利于植株早发快长，延长肥效，减轻硝酸盐积累。一般铵态氮施于 6cm 以下土层，尿素施于 10cm 以下土层。

3. 配施生物氮肥，增施磷、钾肥

配施生物氮肥是解决限用化学肥料的有效途径之一，磷、钾肥对增加蔬菜抗逆性有着明显作用。

4. 根据蔬菜种类和栽培条件灵活施肥

不同类型的蔬菜，硝酸盐的积累程度有很大差异，一般是叶菜高于瓜菜，瓜菜高于果菜。叶菜类不能叶面施肥，叶面喷施直接与空气接触，铵离子易变成硝酸根离子被叶片吸收，硝酸盐积累增加，影响蔬菜品质，且不耐贮运。因此，叶菜类最好不要进行叶面施肥。

同一种蔬菜在不同气候条件下，硝酸盐含量也有差异。一般高温强光下，硝酸盐积累少；反之，低温弱光下，硝酸盐大量积累。在施肥过程中，应考虑蔬菜的种类、栽培季节和气候条件等，掌握合理的化肥用量，确保硝酸盐含量在无公害蔬菜的规定范围之内。菠菜、白菜、苋菜、莴苣容易积累硝酸盐，应禁施硝酸类肥料，莲花白、缩叶莴苣对硝酸盐积累少，可少量施用；番茄、茄子、辣椒、红白萝卜硝酸盐积累较轻，可以施用硝酸类肥料，但在收获前15d也应停止施用。

二、绿色食品蔬菜施肥原则

绿色食品是无污染、安全、优质、营养类食品的总称。根据中国绿色食品发展中心的规定，绿色食品分为两种。AA级绿色食品：指在生态环境质量符合规定标准的产地，生产过程中不使用任何有害化学合成物质，按特定的生产操作规程生产、加工，产品质量及包装经检测符合特定标准，并经专门机构认定，许可使用AA级绿色食品标志的产品。A级绿色食品：指在生态环境质量符合规定标准的产地，生产过程中允许限量使用限定化学合成物质，其余条件与AA级绿色食品相同。符合上述两种要求生产的蔬菜，可以称为绿色食品蔬菜。

（一）施肥原则

在蔬菜生产中，肥料对蔬菜造成污染有两种途径：一是肥料中所含有的有害有毒物质如病菌、寄生虫卵、毒气、重金属等；

二是氮素肥料的大量施用造成硝酸盐在蔬菜体内积累。因此，绿色食品蔬菜生产中施用肥料应坚持以下原则：以有机肥为主，其他肥为辅；以基肥为主，追肥为辅；以多元素复合肥为主，单元素肥料为辅。

（二）允许使用的肥料种类

1. 有机肥

有机肥是生产绿色食品蔬菜的首选肥料，具有肥效长、供肥稳、肥害小等其他肥料不可替代的优点，如堆肥、厩肥、沼气肥、饼肥、绿肥、泥肥、作物秸秆等。

2. 化肥

生产绿色食品蔬菜原则上限制施用化肥，如生产过程中确实需要，要科学施用。可用于绿色食品蔬菜生产的化肥有尿素、磷酸二铵、硫酸钾肥、钙镁磷肥、矿物钾、过磷酸钙等。

3. 生物菌肥

生物菌肥既具有有机肥的长效性又具有化肥的速效性，并能减少蔬菜中硝酸盐的含量，改善蔬菜品质，改良土壤性状，因此，绿色食品蔬菜生产应积极推广使用生物肥，如根瘤菌肥、磷细菌肥、活性钾肥，固氮菌肥、硅酸盐细菌肥、复合微生物以及腐殖酸类肥等。

4. 无机矿质肥料

如矿质钾肥、矿质磷肥等。

5. 微量元素肥料

以铜、铁、锌、锰、硼等微量元素为主配制的肥料。

（三）施肥时应注意的问题

1. 重施基肥，少施追肥

绿色食品蔬菜生产要施足基肥，控制追肥，一般每亩施用纯氮15kg，2/3作基肥，1/3作追肥，深施。

2. 重施有机肥，少施化肥

充足的有机肥，能不断供给蔬菜整个生育期对养分的需求，有利于蔬菜品质的提高。农作物秸秆和畜禽粪污要加入发酵剂经过高温堆积发酵，使其充分腐熟方可施入菜田。

3. 重视化肥的科学施用

一是禁止施用硝态氮肥，可用尿素、磷酸二铵等。但这些肥料一般在收获前 15d 就应停止使用，使氮素在蔬菜体内有一个转化时间。二是控制化肥用量，一般每亩施氮量应控制在纯氮15kg 以内。三是要深施、早施。一般氨态氮肥施于 6cm 以下土层，尿素施于 10cm 以下土层。早施有利于作物早发快长，延长肥效，减少硝酸盐积累。四是要与有机肥、微生物肥配合施用。

4. 重视使用生物菌肥

生物菌肥既具有有机肥料的长效性，又具有化肥的速效性，并能减少蔬菜中硝酸盐的含量，改善蔬菜品质，改良土壤性状。因此，绿色蔬菜生产应积极推广使用微生物肥料。

5. 施肥因地、因苗、因季节而异

不同的地质，不同的苗情，不同的季节施肥种类，施肥方法要有所不同，低肥菜地，可施氮肥和有机肥以培肥地力。蔬菜苗期施氮肥利于蔬菜早发快长。夏秋季节气温高，硝酸盐还原酶活性高，不利于硝酸盐的积累，可适量施用氮肥。

6. 选用微量元素肥料

以铜、铁、锌、锰、硼等微量元素为主配制的叶面肥或含有多种微量元素的中微量元素肥料都可以补充蔬菜生产中某些微量元素的缺乏，对提高蔬菜品质，生产绿色食品蔬菜起到重要的作用。

三、有机蔬菜生产施肥原则

有机蔬菜指在蔬菜生产过程中不使用化学合成的农药、肥料和生长调节剂等化学物质以及基因工程技术及其产物，而是遵循自然规律和生态学原理，采取一系列可持续发展的农业技术、协调种植业和畜牧业的关系，促进生态平衡、物种的多样性和资源的可持续利用，维持农业生态系统持续稳定，且经过有机认证机构鉴定认可，并颁发有机证书的蔬菜产品。

（一）施肥原则

在培肥土壤的基础上，通过土壤微生物的作用来供给作物养分，施肥时应根据肥料特点、不同土壤、不同蔬菜种类及蔬菜不同生长发育期灵活搭配、科学施用。要求以有机肥、基肥为主，根际与叶面追施生物肥为辅，并适当种植绿肥作物培肥土壤。

（二）生产有机蔬菜禁止使用的肥料和允许使用的肥料种类

1. 禁止使用的肥料

有机蔬菜禁止使用化学合成肥料、有害的城市垃圾、污泥、医院粪便垃圾、工业垃圾等。严禁追施未腐熟的人粪尿。叶面肥不得含化学合成的生长调节剂，并且叶面肥必须在收获前20d喷施。

2. 允许使用的肥料种类

（1）有机肥料　包括农家肥，如堆肥、人粪尿、草木灰、厩肥、沼气肥、作物秸秆、泥肥和饼肥等；绿肥，如草木樨、紫云英、田菁、柽麻、紫花苜蓿等。

（2）通过有机认证的有机专用肥和生物菌肥　包括腐殖酸类肥料、根瘤菌肥料、磷细菌肥料、复合微生物肥料等。

（3）有机复合肥。

（4）矿物质　包括钾矿粉、磷矿粉和氯化钙等物质。

（5）其他有机生产产生的废料　如骨粉、氨基酸残渣、家畜加工废料、糖厂废料等。

（三）施肥时应注意的问题

1. 有机肥料的处理和施用

（1）有机肥在施前两个月须进行无害化处理，将肥料泼水拌湿、堆积、覆盖塑料膜，使其充分发酵腐熟。发酵期堆内温度高达60℃以上，可有效地杀灭农家肥中带有的病虫草害，且处理后的肥料易被蔬菜作物吸收利用。

（2）人粪尿及厩肥要充分发酵腐熟，最好通过生物菌沤制，并且追肥后要浇清水冲洗。另外，人粪尿含氮高，在薯类、瓜类及甜菜等作物上不宜过多施用。

（3）秸秆类肥料在矿化过程中易于引起土壤缺氧，并产生植物毒素，要求在作物播种或移栽前及早翻压入土。

（4）有机复合肥一般为长效肥料，施用时最好配施农家肥，以提高肥效。

2. 合理施用单质矿物性肥料

硫酸钾在有机蔬菜生产上准许使用，但限量。硫酸钾应与有机微生物菌肥混合使用，可转化为生物钾。

3. 注重微生物肥料的使用

微生物肥用于拌种，基肥和追肥，能降低蔬菜产品亚硝酸盐含量，有利改善品质。使用时，一要保证有足够数量的有效微生物，二是具备适宜有益微生物生长的环境条件。适宜的土壤环境条件和营养条件是微生物肥料中有益微生物大量繁殖与发挥作用的重要前提。一般要求：土壤疏松，通气良好；及时排灌，水分适量；温度适宜；土壤pH值为6.6~7.5；有足够的有机能源。

4. 基肥和追肥的合理施用

（1）施足基肥　　将施肥总量80%用作基肥。结合耕地将肥料均匀地混入耕作层内，以利于根系吸收。针对有机肥料前期有效养分释放缓慢的缺点，可以利用允许使用的某些微生物，如具有固氮、解磷、解钾作用的根瘤菌、芽孢杆菌、光合细菌和溶磷菌等，经过这些有益菌的活动来加速养分释放和养分积累，促进有机蔬菜对养分的有效利用。有条件的可使用有机复合肥作种肥。方法是在移栽或播种前，开沟条施或穴施在种子或幼苗下面，施肥深度以 5~10cm 较好，注意中间隔土。

（2）巧施追肥　追肥分土壤施肥和叶面施肥。

土壤追肥主要是在蔬菜旺盛生长期结合浇水、培土等进行追施，主要使用人粪尿及生物肥等。对于种植密度大、根系浅的蔬菜，可采用铺施追肥方式，当蔬菜长至 3~4 片真叶时，将经过晾干制细的肥料均匀撒到菜地内，并及时浇水；对于种植行距较大、根系较集中的蔬菜，可开沟条施追肥，开沟时不要伤断根系，用土盖好后及时浇水；对于种植株行距较大的蔬菜，可采用开穴追肥方式。适当施一些沼液，以 3∶1（3 份水 1 份沼气液）的比例管灌，不仅可以给植物提供肥料，还有防治地下害虫和蚜虫的作用。

叶面施肥可在苗期、生长期选取生物有机叶面肥叶面喷洒，每隔 7~10d 喷 1 次，连喷 2~3 次。

第三节　豆类蔬菜配方施肥

一、配方施肥的原则和方法

配方施肥又称计量施肥，优化施肥，推荐施肥。是指根据作物需肥规律，土壤供肥性能及肥料效益，在有机肥为基础的条件下，提出氮、磷、钾和微量元素肥料的适宜用量与比例，以及相应的施肥技术，达到提高作物产量，改善作物品质，提高经济效益和社会效益的目的。

配方施肥的内容包含"配方"和"施肥"两个程序。"配方"的核心是肥料的计量，"施肥"是配方的实施，是目标产量实现的保证。

(一) 配方施肥应遵循的基本原则

1. 有机无机相结合

土壤肥力是决定作物产量高低的基础。土壤有机质含量是土壤肥力的最重要的指标之一。增施有机肥料可有效地增加土壤有机质。根据中国农科院土肥所的研究，有机肥和化肥的氮素比例以 3∶7 至 7∶3 较好，具体视不同土壤及作物而定。

2. 氮、磷、钾相配合

我国绝大部分土壤的主要限制因子是氮，其次是磷、钾。在目前高强度利用土壤的条件下，必须实行氮磷钾肥的配合施用。

3. 辅以适量的中微量元素

在氮磷钾三要素满足的同时，还要根据土壤条件适量补充一定的中微肥，不仅能提高肥料利用率，而且能改善农产品品质，增强作物抗逆性能，减少农业面源污染，达到作物高产、稳产、优质的目的。

4. 用地养地相结合，投入产出相平衡

要使作物—土壤—肥料形成能量良性循环，必须坚持用地养地相结合，投入和产出相平衡。也就是说，没有高能量的物质投入就没有高能量的物质产出，只有坚持增施有机肥、氮磷钾和微肥合理配施的原则，才能达到高产优质低耗。

(二) 配方施肥的方法

1. 地力分区 (级) 配方法

地力分区 (级) 配方法，是利用土壤普查、耕地地力调查和当地田间试验资料，把土壤按肥力高低分成若干等级，或划出一个肥力均等的田片，作为一个配方区。再应用资料和田间试验成果，结合当地的实践经验，估算出这一配方区内，比较适宜的肥料种类及其施用量。

地力分区 (级) 配方法的优点是较为简便，提出的用量和措施接近当地的经验，方法简单，群众易接受。但其缺点是局限性较大，每种配方只能适应于生产水平差异较小的地区，而且依赖于一般经验较多，对具体田块来说针对性不强。在推广过程中必须结合试验示范，逐步扩大科学测试手段和理论指导的比重。

2. 肥料效应函数法

通过简单对比或应用正交、回归等试验设计，进行多点田间试验，建立肥料效应方程，从中选出最优处理，确定肥料施用量的方法。主要有以下 3 种方法。

（1）多因子、多水平田间试验法　以单因子或多因子多水平回归设计为基础，建立肥料效应方程式，求出最佳经济施肥量和最高产量施肥量，作为建议施肥量的依据。

（2）养分丰缺指标法　根据养分丰缺状况及测土数据来确定一季作物对氮、磷、钾等养分的总需求量。分为相关研究、校验研究、施肥建议 3 个步骤。

（3）氮、磷、钾比例法　通过田间试验，确定出氮、磷、钾的最适用量，计算出三者之间的比例关系。在应用时，只要确定其中一种养分用量，然后按照比例决定其他养分用量。

3. 目标产量配方法

根据作物产量构成，由土壤和肥料两方面供给养分的原理计算肥料的施用量。应用时由作物目标产量、作物目标产量需肥量、土壤供肥量、肥料有效养分含量、肥料利用率五大参数构成目标产量配方法配方施肥肥料公式，计算施肥量。

施肥量＝（目标产量需肥量－土壤供肥量）/肥料有效养分含量×肥料利用率

（1）作物目标产量　目标产量就是计划产量，它是根据土壤肥力水平来确定的，而不能凭主观愿望认定一个指标。可以当地前 3 年作物平均产量为基础，高产田增加 5%～10%，低、中产田增加 10%～15%，作为目标产量。

（2）作物目标产量需肥量

目标产量需肥量=作物单位经济产量的养分吸收量×目标产量

作物单位经济产量的养分吸收量是指作物每形成一个单位（如 1kg 或 1 000kg）经济产量所吸收的养分量。作物单位经济产量的养分吸收量一般比较稳定，在应用时可以参照表 2-1。

表 2-1 每 1 000kg 商品蔬菜所需氮、磷、钾养分含量（kg）

蔬菜种类	氮	磷	钾	蔬菜种类	氮	磷	钾
大白菜	1.8~2.6	0.4~0.5	2.7~3.1	马铃薯	4.4~4.5	0.8~1.0	6.5~8.5
结球甘蓝	4.1~6.5	0.5~0.8	4.1~5.7	生姜	6.3	0.6	9.3
花椰菜	7.7~10.8	0.9~1.4	7.6~10.0	萝卜	2.1~3.1	0.3~0.8	3.2~4.6
番茄	2.1~3.4	0.3~0.4	3.1~4.4	胡萝卜	2.4~4.3	0.3~0.7	4.7~9.7
辣椒	3.5~5.5	0.3~0.4	4.6~6.0	芹菜	1.8~2.0	0.3~0.4	3.2~3.3
茄子	2.6~3.0	0.3~0.4	2.6~4.6	莴苣	2.1	0.3	2.7
黄瓜	2.8~3.2	0.5~0.8	2.7~3.7	菠菜	2.5	0.4	4.4
南瓜	4.3~5.2	0.7~0.8	4.4~5.0	大蒜	4.5~5.0	0.5~0.6	3.4~3.9
苦瓜	5.3	0.8	5.7	大葱	2.7~3.0	0.2~0.5	2.7~3.3
菜豆	10.1	1.0	5.0	洋葱	2.0~2.4	0.3~0.4	3.1~3.4
豇豆	12.2	1.1	7.3	韭菜	5.0~6.0	0.8~1.0	5.1~6.5
豌豆	12~16	2.2~2.6	9.1~10.8	草莓	6.0~10	1.1~1.7	大于8.3

（3）土壤供肥量 土壤供肥量是指一季作物在生长期中从土壤中吸收的养分。土壤供肥量通过土壤养分测定值来换算，其公式：

土壤供肥量（kg）=土壤养分测定值（mg/kg）×0.15×校正系数

式中，0.15 为换算系数，即把 1mg/kg 的速效养分，按照每亩表土 15 万 kg 换算成每亩土壤的养分量（kg/亩）。校正系数是作物实际吸收养分量与土壤养分测定值的比值。常通过田间空白试验及用下列公式求得：

校正系数＝（空白田产量×作物单位产量养分吸收量）/养分测定值×0.15

（4）肥料利用率　肥料利用率是指当季作物从所施肥料中吸收的养分占施入肥料养分总量的百分比。现有肥料利用率的测定大多用差减法，其计算公式：

肥料利用率＝（施肥区作物体内该元素吸收养分量－无肥区作物体内该元素吸收养分量）/所施肥料中该元素的总量

（5）施肥量计算

实际施肥量＝（目标产量需肥量－土壤有效养分测定值×0.15×校正系数）/肥料有效养分含量×肥料利用率

一般情况下，测土配方施肥表采用的推荐施肥量是纯氮、P_2O_5（五氧化二磷）、K_2O（氧化钾）的用量。但由于各种化肥的有效含量不同，所以农民在实际生产过程中不易准确地把握用肥量。以下是一种较为简便计算施入土壤中化肥量的方法。

假设该地块推荐用肥量为每亩纯氮 8.5kg、P_2O_5 4.8kg、K_2O 6.5kg。

单项施肥，其计算方式为：推荐施肥量÷化肥的有效含量＝应施肥数量。

可得如下结果：施入尿素（尿素含氮量一般 46%）为 8.5÷46%＝18.5（kg）；施入硫酸钾（硫酸钾中 K_2O 的含量一般 50%）为 6.5÷50%＝13（kg）。

施用复混肥，如果施用复混肥，用量应先以配方施肥表上推荐施肥量最少的那种肥计算，然后添加其他两种。如某种复混（合）肥袋上标示的氮、磷、钾含量为 15∶15∶15，那么该地块应施这种复混肥：4.8÷15%＝32（kg）。这样，土壤中的磷元素已经满足了作物需要的营养。由于复混肥比例固定，难以同时满足不同作物不同土壤对各种养分的需求。因此，需添加单元肥料加以补充，计算公式为：（推荐施肥量-已施入肥量）÷准备施入化肥的有效含量＝增补施肥数量。该地块已经施入了32kg氮磷钾含量各为15%的复合肥，相当于施土壤中纯氮32×15%＝4.8（kg），P_2O_5和K_2O也各为4.8kg。根据表上推荐施肥量纯氮8.5kg、K_2O6.5kg的要求，还需要增施：尿素（8.5-4.8）÷46%＝8（kg），硫酸钾（6.5-4.8）÷50%＝3.4（kg）。

以上配方施肥各法计算出来的肥料施用量，主要是指纯养分。而配方施肥必须以有机肥为基础，得出肥料总用量后，再按一定方法来分配化肥和有机肥料的用量。主要有同效当量法、产量差减法和养分差减法。

（1）同效当量法

同效当量：由于有机肥和无机肥的当季利用率不同，通过试验先计算出某种有机肥料所含的养分，相当于几个单位的化肥所含的养分的肥效，这个系数，就称为"同效当量"。例如，测定氮的有机无机同效当量在施用等量磷、钾（满足需要，一般可以氮肥用量的一半来确定）的基础上，用等量的有机氮和无机氮两个处理，并以不施氮肥为对照，得出产量后，用下列公式计算同效当量：

计算公式：同效当量＝（有机氮处理-无机氮处理）/（化学氮处理-无氮处理）

举例：小麦施有机氮（N）7.5kg的产量为265kg，施无机氮（N）的产量为325kg，不施氮肥处理产量为104kg，通过计算同效当量为0.63，即1kg有机氮相当于0.63kg无机氮。

（2）产量差减法

原理：先通过试验，取得某一种有机肥料单位施用量能增产多少产品，然后从目标产量中减去有机肥能增产部分，减去后的产量，就是应施化肥才能得到的产量。

举例：如有一亩水稻，目标产量为325kg，计划施用厩肥900kg，每100kg厩肥可增产6.93kg稻谷，则900kg厩肥可增产稻谷62.37kg，用化肥的产量为262.63kg。

（3）养分差减法 在掌握各种有机肥料利用率的情况下，可先计算出有机肥料中的养分含量，同时，计算出当季能利用多少，然后从需肥总量中减去有机肥能利用部分，留下的就是化肥应施的量。

化肥施用量=（总需肥量-有机肥用量×养分含量×该有机肥当季利用率）/（化肥养分×化肥当季利用率）

二、豆类蔬菜配方施肥实用技术

（一）豆类蔬菜的营养特性

豆类蔬菜包括菜豆、豇豆、毛豆（菜用大豆）、豌豆、蚕豆等，以嫩荚或嫩豆籽供食。豆类蔬菜分为两种类型：一是以蔓性菜豆为代表的无限生长型，如豇豆、豌豆、扁豆等；再就是以矮性菜豆为代表的有限生长型，如矮性菜豆、毛豆、蚕豆等。不过，所有豆类蔬菜在营养、施肥上仍有其共性：

（1）豆类蔬菜在吸收氮、磷、钾养分中，对氮的要求较低，对磷需求比例提高，对钾需求也偏低。

（2）由于根瘤菌为好气性细菌，通过增施富含有机质的肥料，提高土壤的通气性，能为根瘤菌生长、繁殖创造有利条件。

（3）根瘤菌对磷特别敏感，磷肥有显著的增产作用。

（4）钙、镁的丰缺对植株生长和豆荚发育具有深刻影响。

（二）无限生长型豆类蔬菜的配方施肥技术

无限生长型豆类蔬菜属营养生长与生殖生长同步进行的作

物，生长期较长，荚果多次采收，根瘤不发达，固氮能力弱，因而对土壤条件要求较高。对豌豆，每生产 1 000kg 鲜荚产品，需要吸收氮 16.5kg、磷 13.75kg、钾 14.46kg，氮：磷：钾 = 1：0.83：0.88，对磷需求比例明显提高，而需钾比例下降。

在施肥上，首先强调施足基肥，且以有机肥为主，配施少量化肥，如豌豆播种前一般要每亩施有机杂肥 2 500~3 000 kg；其中加入过磷酸钙 20~25kg、硫酸铵 10~15kg、氯化钾 15~20kg，有机肥、化肥拌匀后混合入土层中。其次是适时适量追肥，苗期适量追施少量速效氮肥和磷肥；开始采收后，要及时追施氮肥，以缓和叶片生长和荚果生长的矛盾。

（三）有限生长型豆类蔬菜的配方施肥技术

有限生长型豆类蔬菜是先形成营养体，再形成生殖体。荚果一次采收，根瘤发达，对土壤肥力要求不高。生长初期，为促进幼苗根系发育和提早抽生分枝，要尽早追施氮、磷肥，但不能过量，以免抑制根瘤形成，导致茎、叶疯长。开花结荚期是植株吸收养分的高峰，应保证植株平衡吸收到足够的氮、磷、钾养分，以避免落花、落荚。对菜豆每生产 1 000kg 产品，要吸收氮 3.37kg、磷 2.20kg、钾 5.90kg，氮：磷：钾 = 1：0.65：1.75。

在施肥上，基肥以有机肥混施磷、钾肥最好，基肥用量一般每亩施用腐熟厩肥 500~1 000 kg 或土杂肥 1 500~2 000 kg，并混入过磷酸钙 15~20kg、氯化钾 10kg，基肥要深施，采用穴施或条施均可。追肥应分别在苗期、开花期和结荚期进行，肥沃的土壤可不施化肥，如幼苗生长矮小、叶小色暗，可适量追施氮肥，促进幼苗生长；花芽分化期需肥较多，追施少量氮肥可促进腋芽分化和分枝生长；开花结荚期，采取根外喷施磷肥，有利于籽粒饱满并增加含油量，每亩用 2~4kg 过磷酸钙对水 100kg 喷施。无论在生长前期或后期，施氮肥均不宜过多，以免引起倒伏和影响根瘤生长。微量元素肥料多在开花期根外喷施，用 0.1% ~ 0.3%的硼砂，0.01% ~ 0.05%的硫酸铜，0.01% ~ 0.05%的硫酸锌，0.05% ~ 0.2%的硫酸锰喷施；钼肥可用作拌种，每亩用 20 ~ 30g 钼酸铵水溶液拌种子，拌匀晾干后播种。

第三章　菜豆科学施肥技术

第一节　菜豆的植物学特征及生长发育特点

菜豆又名四季豆、芸豆。豆科菜豆属一年生缠绕性草本植物，原产美洲的墨西哥和阿根廷，中国在 16 世纪末才开始引种栽培。现在我国的栽培比较广泛，面积也很大。它作为一种植物蛋白含量高的蔬菜之一，深受消费者欢迎。它营养丰富，蛋白质含量高，既是蔬菜又是粮食，还可作糕点和豆馅，是出口创汇的重要农副产品。不过其籽粒中含有一种毒蛋白，必须在高温下才能被破坏，所以食用菜豆必须煮熟煮透，消除不利因子，趋利避害，更好地发挥其营养效益。

一、菜豆的植物学特征

（一）根

根系较发达，能迅速形成根群。苗期幼根的生长速度快于茎叶，子叶初出地面时，主根已长达 10~15cm，并生有 7~9 条侧根，对生叶展开时，二级侧根分生。主根系不明显，根颈处常生出几条粗细与主根相仿的侧根，侧根扩展达 60~80cm。结荚期根深达 90cm，主要根群分布在地表 15~40cm 土层内。出苗后 10d 左右，根部开始形成根瘤，根瘤不甚发达，根系易木栓化。

（二）茎

茎披短柔毛，仔苗幼茎的颜色在品种间有差别。

矮生菜豆主茎6~8节，侧枝1~5节后封顶，全株呈丛状型。株高和分枝力的强弱因品种和栽培条件而异。

蔓生菜豆的主茎生长势较旺，大多数品种侧枝发生不多，主茎打顶或生长势减弱，营养条件改善时，茎基部可抽生侧枝。

（三）叶

主茎第一、二片真叶为对生单叶，心脏形。第三片真叶以后为三出复叶，互生。小叶多数为阔卵形或菱卵形，也有心脏形或者宽披针形。

（四）花序和花

总状花序，生长4~10朵花或更多。主茎和侧枝中下部花序的花朵数较多，基部和顶部花序的花朵数较少。营养条件不良，生长势较弱的植株，基部花常发育不良，甚至枯萎脱落。

矮生菜豆侧枝上着生的花序较多，占全株总花序数的85%~89%，单株花序数比蔓生菜豆少。蔓生菜豆主茎4~5节起抽生花序，营养条件好且生长健壮的植株，2~3叶处也能着生花序。

蝶形花，花色有白色、紫色和淡紫色等。矮生菜豆单株花数30~80朵，蔓生种80~200朵。多为自花授粉，但是有一定的异交率。

（五）果实和种子

果实为荚果，豆荚两边沿有缝线，缝线处有维管束。豆荚先端有细而尖长的喙，通常矮生菜豆的喙比蔓生菜豆的喙稍长。

花朵受精后豆荚就开始生长，开花后10d内豆荚伸长最快，以后继续伸长，但速度逐渐减慢，开花后25d左右达到品种固有的长度。豆荚生长速度受品种和栽培条件的影响。

菜豆的荚壁肉质，纤维很少，豆荚两侧缝线处的维管束很不发达，内果皮由多层薄壁细胞组成，细胞内充满水分和营养物质，为嫩荚的主要食用部分。有些品种的豆荚随荚内豆粒的长大，荚壁纤维束逐渐增多，使豆荚老化，品质下降。在高温、干旱或营养不足的条件下栽培时，豆荚的纤维也易发达，品质恶化。

菜豆幼荚多为绿色，含有叶绿素，能利用荚内籽粒呼吸产生的二氧化碳进行一定量的光合作用。

种子在开花后 10d 内发育缓慢，以后发育加快，经 30d 左右成熟。发育正常的豆荚中含有种子 4~9 粒，多者达 10 粒以上，少的仅 2~3 粒。蔓生菜豆每荚的种子数比矮生菜豆多，同株下部荚的种子数多于上部荚的。种子有纯白、茶褐、纯黑、豆沙、浅黄、紫红和花斑等色。种子寿命为 2~3 年，高寒地区贮藏 5~6 年后的种子仍有发芽力。

二、菜豆的生长发育特点

菜豆整个生育期可分为发芽期、幼苗期、抽蔓期和开花结果期。

(一) 发芽期

在适宜条件下，种子吸足水分后在 2~3d 内可以发出幼根，5~6d 后子叶露出地面，再过 3~5d，一对单生真叶出现并展开时结束发芽期。发芽期的长短因播种后的条件而异，春季露地播种时为 12~15d，温室播种时为 10~12d，夏季播种时为 7~9d。

发芽期幼苗主要利用种子内贮藏的养分出土和生长，待养分消耗完后子叶干枯脱落，幼苗就进入了独立生活的转换期。

(二) 幼苗期

蔓生菜豆从一对基生真叶起到抽蔓前为幼苗期；矮生菜豆到第三片复叶展开时止。第一对基生真叶已能进行光合作用，对幼苗生长和初期根群的形成关系密切，基生真叶伤残的幼苗，生长缓慢，长势也较弱。

幼苗期主要进行根、茎、叶的生长，不断扩大营养体，同时开始花芽分化。矮生菜豆在播种后 20~25d，复叶展开时，在基生单叶的叶腋间就可开始花芽分化，以后各节都分化花芽，花芽分化的速度随植株叶面的扩大而加快，主、侧枝的花芽在短期内分化完毕。

（三）抽蔓期

从开始抽蔓到开花前为抽蔓期，此期间，茎叶迅速生长，花芽不断分化和发育。蔓生菜豆主茎节间开始伸长，逐渐长成蔓并缠绕生长。

（四）开花结果期

从开始开花到结荚终止。这一时期内开花结荚和茎叶生长同时并进，生长发育旺盛。从播种到开花所需的天数因品种和栽培条件而异，春播矮生菜豆需要 35~45d，蔓生菜豆为 45~70d。

肉眼能看到花蕾后经过 5~6d 开始开花，花朵从前一天的傍晚进入开花过程，后半夜起旗瓣基部和花药裂开，3 时左右有少数花朵开始开放，5—7 时开花最盛，9—10 时基本开完。花序上当天没有开完的花，次日清晨再开。

生育完全的花，开花前 3d 雄蕊开始迅速发育，开花前 1d 花粉就能发芽。开花前 3d 雌蕊已具受精能力，但开花前 1d 的结实率最高。每朵花的开放期为 2~4d，开花后 5~6h，花粉基本丧失发芽能力。在适宜的温度下，授粉后 1h 就有少数受精结实，授粉后 4h 受精结实率达到 80%。平均每一花序的结荚率 20%~30%，多者达 40%~50%。单株的花序数是构成产量的重要因素，增加有效花序数是提高产量的有效途径。

矮生菜豆开始开花早，开花顺序不规律。多数品种主茎和侧枝下部节位的花同时先开，而后渐次向上开放；嫩荚菜豆和供给者由植株顶部逐渐向下开花；也有由茎最顶部先开花，然后再从茎下部逐渐向上开花。全株花期 10~19d。蔓生菜豆主茎和侧枝均由下逐渐向上陆续开花，侧枝 1~2 节就开花，花期 25~40d。

第二节　菜豆生长发育对环境条件的要求

一、温度

菜豆性喜温暖，不耐霜冻，亦不耐热，对温度要求较严，因此早春必须在晚霜过后才能进行露地栽培。矮生菜豆耐低温的能力比蔓生菜豆稍强。

种子在 8~10℃ 时开始发芽，而最适温度在 20~30℃，过高或过低的温度不利于种子发芽。

幼苗对温度的适应性比其他喜温性豆类广泛，但对温度变化反应敏感。幼苗生长适宜温度为 18~25℃，临界地温为 13℃。成株生长适温为 20℃，8℃ 时地上部生长受影响，短期 2~3℃ 的低温可引起失绿，0℃ 时停止生长，−1℃ 下容易受到冻害。高于 30℃ 时茎叶生长细弱，节间伸长，叶片小而薄，叶色变淡。

花芽分化和发育的适宜温度为 20~25℃，30℃ 以上时，花芽发育不良，花瓣开展不良的不完全花增多，坐荚减少，花粉母细胞的减数分裂发生畸形而丧失生活力，不稔花增多，落蕾落花多。温度低于 15℃ 时也易出现发育不完的花蕾而脱落。

开花结荚期的适宜温度为 18~25℃，15℃ 以下花粉萌发率低，10℃ 以下开花不完全。35℃ 以上授粉受影响，35~37℃ 高温下花粉粒总数增多而干扰正常的授粉受精，增多落花落荚数，同时，高温抑制植株光合作用，使同化物质积累减少，豆荚发育延缓，易形成短小荚或畸形荚。

雌蕊对温度的适应性比花粉大，在15~40℃可受精，以17~23℃受精最好。11℃时花粉管伸长速度减慢，胚珠发育不良，障碍受精，结荚率明显下降，种子数也少，甚至形成短小的秕荚，产量锐减。

二、光照

根据菜豆栽培品种对日照时间长短反应的不同，分为短日型、中间型和长日型三类。中间型品种最多，对日照长短要求不严，在较长或较短日照下均能形成花芽和开花结荚，春秋两季都可栽培，大多数地区间可互相引种。一些严格的短日型品种在北方长日照条件下栽培时，营养生长常过旺，矮生株型会出现抽蔓现象，导致花芽分化少，开花延迟，结荚减少。

菜豆对光照度的要求仅次于喜强光的茄果类蔬菜，光饱和点为35 000 lx，光补偿点为1 500 lx。在适宜的温度条件下，光照充足时植株生长健壮，光合能力强，开花结荚多。光照度减弱或种植过密时，植株容易徒长，分枝和叶数减少，同化能力降低，着蕾数和开花结实数减少，不完全开花数、潜伏花芽数和落蕾数增加。

三、水分

菜豆种子发芽时需吸收种子质量100%~110%的水分，春播时发芽出苗较为适宜的土壤含水量为16%~18%，土壤墒情不足，种子不能发芽，若土壤水分过多，则地温低，土壤内的气体容量少，出苗延迟且不齐，幼苗子叶黄化或有伤斑，严重时烂种。

菜豆有一定的耐旱力而不耐土壤过湿或积水，生长期间适宜的土壤湿度为田间最大持水量的60%~70%，土壤水分过多时，根系因缺氧而生长不良，吸收能力减弱，叶片提早黄化脱落，继而落花落荚，甚至根系腐烂，植株死亡。开花结荚期对土壤水分和空气湿度的要求比较严格，适宜空气相对湿度为 80% 的晴朗天气。花粉形成期土壤和空气干旱或者大风易使花粉出现畸形或早衰，柱头干燥，影响授粉受精，落花落荚数增多。降雨多、田间积水、空气相对湿度大，花粉不能破裂发芽，雌蕊柱头黏液浓度低，不利于受精，坐荚率明显下降。结荚期高温干旱，豆荚生长缓慢，蒸腾过量，中果皮很快形成纤维膜，品质下降，植株也容易受蚜虫和病毒病侵害。

四、土壤

土层深厚，土质疏松，排水和通气性良好的砂壤土和粉砂壤土有利菜豆根系的生长和根瘤菌的活动。黏重土和低湿土影响根系的吸收机能，且易诱发病害。适微酸土和中性土（pH 值为 6.2~7.0），酸性土应施石灰改良。耐盐碱能力弱，尤其不耐氯化盐的盐碱土，土壤溶液含盐量达 1 000mg/L 以上时，植株发育不良，矮化，根系生长受阻。

第三节　菜豆各生育期需肥、吸肥特点

一、菜豆对营养元素的吸收

菜豆根系比较发达，要求生长在疏松肥沃、排水和透气性良好的土壤中。菜豆耐盐碱的能力较差，尤其不耐含氯离子的盐类。菜豆出苗后，根系可迅速从土壤中吸收各种营养元素。随着植株的生长，养分的吸收量逐渐增大，并贮存于茎叶中，到了开花结果时，积累量达到最大值。但到了豆荚伸长期后，茎叶中贮存的养分迅速向豆荚中运转，以供其生长的需要。矮生种的转移率大于蔓生种。需要注意的是，结荚期的肥水管理与营养生长期的肥水管理同等重要，不可忽视，特别是蔓生菜豆。

菜豆一生中从土壤吸收最多的元素是钾，其次为氮、磷、钙、硼等。植株虽然需氮量多，但在根瘤形成后，大部分氮可由根瘤菌固定空气中的氮素来提供。尽管如此，土壤供氮不足也会影响菜豆的生长和产量。据研究，硼和钼对菜豆的生长发育和根瘤菌的活力都有良好的促进作用。因此，叶面喷施多元微肥不仅可以提高菜豆产量，而且还能改善其品质。

二、菜豆发芽期吸肥需肥特点

菜豆子叶期养分需求主要依靠子叶分解，供幼株生长，随生长的进行，子叶养分耗尽，便枯黄脱落，植株即进入自养阶段。

三、菜豆苗期吸肥需肥特点

菜豆在苗期一般不需要追肥，但在土壤速效氮含量较低的瘦地上，也应适当追施提苗肥，否则会影响幼苗正常生长。只需补充一定量的氮、钾肥。蔓生菜豆大约在播种后 25d，开始花芽分化，此后植株营养生长加速，需及时追肥，一般以追施速效氮肥为主。

四、菜豆结荚期吸肥需肥特点

菜豆开花结荚初期，有大量根瘤形成，固氮能力最强，此时应尽量避免施用过多氮肥，以防止由于根瘤菌的惰性作用，使固氮量相对减少。后期植株对氮磷钾的需求都达到高水平，在第 1 花序嫩荚坐住后，应注意追施一定的氮肥和钾肥，可以促使植株发生分枝，分化花芽，减少落花，提早开花结荚。开始采收时是需肥水最多的时期，此时除吸收大量的磷钾肥外，还需适量氮肥。也可采用叶面追肥方法进行追肥。

第四节　不同种类肥料对菜豆生长发育、产量、品质的影响

　　无公害菜豆生产中，化肥作为主要施用肥料无可替代，如能加上有机肥施用，将显著提高产品的效益和品质。目前，大量施用化肥已致使土壤结构遭受严重破坏，也同样出现严重的化学残留，故实施有机肥下田和适当利用冬季绿肥轮作改良土壤质地，是实现土地肥力保持和农业可持续发展的必需途径。由于施用有机肥对改良土壤理化性状具有明显作用，尤其是在保护地栽培中，为提高菜豆品质，宜大力推广施用有机肥。

一、有机肥对菜豆生长发育、产量、品质的影响

　　有机肥不同施肥方式及施肥量对菜豆生长势、产量和功能叶光合速率均有影响。高肥水平处理下，菜豆生长势旺盛，光合速率高，产量高；相同施肥量条件下，沟施处理的菜豆生长势也较撒施处理旺盛，这时候菜豆叶片数、植株茎粗生长效果明显，但这两种施肥方式对菜豆植株光合速率和产量影响不明显。

　　不同有机肥对菜豆开花期、结荚期、始收期影响也较大。目前在蔬菜中生产中应用的有机肥有鸡粪、猪粪和腐殖酸有机肥，其中使用腐殖酸有机肥的效果最好，比单一施用化肥或有机无机复混肥生产效果要好。施用腐殖酸有机肥可明显缩短菜豆生育期，而其他有机肥对菜豆生育期影响不大。

　　菜豆生产中应用的有机肥主要是鸡粪或猪粪，土壤中施入有机肥可以增加土壤中速效氮、磷、钾和有机质的含量，且随着鸡粪和猪粪施用量的增加而增加，增强了土壤肥力。这两种有机肥

均可显著提高菜豆产量，但施用有机肥过多也会导致菜豆产量降低，土壤中养分过多，营养生长过旺，而生殖生长受到抑制，致使产量降低，一般有机肥施入量在每亩 1 000~1 500kg 即可达到最高产量。适量施入有机肥同样能显著促进菜豆荚果可溶性糖、维生素 C、粗蛋白的含量，改善菜豆品质，同时施入有机肥可以明显降低菜豆硝酸盐、纤维素的含量。

二、化学肥料对菜豆生长发育、产量、品质的影响

追施氮肥，能明显增加菜豆植株的株高、有效分枝、单株荚数、单株粒数、单株粒重等经济性状。花期随着施氮量的增加，菜豆每株节数、分枝数、单株有效荚数、每荚粒数、百粒重都呈先增加后减少的趋势。

施用磷肥对菜豆总淀粉含量和蛋白质含量形成有促进作用，在一定范围内，菜豆总淀粉含量随着磷肥用量的增加而增加，每亩施用纯磷 5kg 即能显著改善菜豆品质，较高的磷肥用量是改善菜豆品质的一个重要措施。但过高磷肥用量对淀粉增加不显著。菜豆含有的人体必需氨基酸组分中，亮氨酸、赖氨酸、苏氨酸、苯丙氨酸、缬氨酸、异亮氨酸含量较高，受磷肥的影响也较大。一定施磷范围内，菜豆总氨基酸含量随着磷肥用量的增加而增加，而一些菜豆品种适当降低磷肥用量也可获得较高氨基酸含量。因此在菜豆施磷肥的时候，既要考虑地力情况又要根据不同品种而定施肥量，既要满足菜豆需求又减少浪费。

钾在菜豆的生长发育过程中有增加茎粗、叶面积和提高叶绿素含量的作用，并能有效提高菜豆的产量和维生素 C 含量、可溶性蛋白含量、总糖含量、还原糖含量等品质指标。对于钾能提高作物产量的原因，一般认为与其能明显增大作物叶面积，维持较高的叶绿素含量，使作物净光合率提高，增多光合

产物，并能促进光合产物的运输等作用有关。至于钾能改善作物品质的原因，目前认为主要有三个方面：其一是施钾后作物能积累较多光合产物为转化维生素 C 等物质提供原料；其二是钾能促进蛋白质的形成；其三是钾参与糖和淀粉的合成、运输与转化，能抑制酸性转化酶，促进蔗糖磷酸合成酶活性，从而有利于产品含糖量的提高。

钾处理最有利于菜豆的生长发育，并且能取得最高产量和最佳品质，而高钾处理则效果有所下降，这说明在菜豆生产过程中钾肥施用量要适宜，并非越多越好，其中原因在于钾肥过量供应会破坏植株体内离子间的平衡，从而影响菜豆的产量及品质，造成钾肥施用效果的降低。

可见，在菜豆生产中、前期磷在低水平，氮在高水平时产量最低；而氮在低水平，钾在中间水平时产量最高；这就说明菜豆生育初期不需氮的施入，施氮反而减产。这是因为在菜豆开花结荚初期，有大量根瘤形成，固氮能力最强，如果过多施用氮肥，反而会因根瘤菌的惰性作用，使固氮量相对减少，对植株氮素营养状况改善不大。生长后期氮、磷、钾都达到高水平时产量最高，这是因为菜豆随着苗期、开花结荚初期、嫩荚采收期的顺序对氮、磷、钾的需要量逐步增加。从总产量来看，当氮、磷、钾都达到高水平，而钾处于中间水平时产量最高，这说明在菜豆的整个生育期间，对氮、磷、钾的需求比较高，而钾只需适中。

由于影响菜豆产量与品质的因素较多，如菜豆品种、土壤肥力状况、降水量、前茬作物、栽培管理方法等，此类因素的影响也需要根据实际情况予以考虑。

第五节　菜豆营养元素失调症状及防治

一、菜豆营养元素失调的诊断方法

菜豆营养诊断就是以矿质营养原理为理论依据，以化学分析方法为主要手段，对生长着的菜豆植株（主要是叶组织）及其立地的根际土壤进行有关营养元素的取样、分析测定，以确认其营养元素含量的多少、各元素间的含量比例及土壤障碍因子等，是具体地指导菜豆合理施肥和防治缺素症的基础，是在各种条件下尽快有效地改善菜豆营养状况和生长发育状况，最充分地利用光能和地力、最大限度提高单产和产品质量的科学依据，也是衡量农业生产和科学技术现代化的标志之一。

菜豆植株出现病态症状的原因很多，对生长发育过程中出现的异常现象可从以下几个方面分析。

第一，与病虫害是否有关；

第二，有无其他非病虫原因，如施肥灼伤，旱涝低温高温、光照过强或过弱、污染中毒等；

第三，该品种在各个生长时期有无形态上的变化；

第四，是否是因营养元素失调所致。

如不属于前3种原因，就可肯定是营养元素失调所致的。

营养失调引起的生理病害与由病毒、病菌引起的侵染性病害不同。营养失调植株往往散布全园，甚至邻近也发生相似症状，其病变部位常与叶脉有关，沿叶脉、在叶脉间或沿叶缘发生，每片叶上症状相似而且散布面较广。病虫为害症状则一般与叶脉无关，叶片之间相似程度较小，为害较集中，但病毒病有时难以与营养失调症状区分。确定是生理病害后，再诊断所缺元素和分析缺素原因。

关于菜豆营养诊断的方法现在主要有形态诊断、化学诊断和施肥诊断。

1. 形态诊断

菜豆植株缺乏某种元素时，一般都在形态上表现特有的症状，即所谓的缺素症，如失绿、现斑、畸形等。由于元素不同、生理功能不同，症状出现的部位和形态常有它的特点和规律。缺氮、磷、钾、镁元素时主要表现在作物老叶片上，缺氯、硫、钙、硼、铁、铜、锌、锰、钼表现在嫩叶片上。

2. 化学诊断

（1）叶片分析诊断　叶分析是确定作物营养状态的有效技术。在营养可给性低的土壤上，叶分析特别有用；在营养可给性较高的土壤上则不很灵敏。诱导硝酸还原酶活性的方法可用来诊断植物的缺氮情况。用硝酸根来诱导缺氮植物根部或叶片中硝酸还原酶后做酶活性比较，诱导后酶活性较内源酶活性增高愈多，则表明植物缺氮愈严重。缺磷的植物，组织中的酸性磷酸酶活性高。磷酸酶的活性也可用于判断磷的缺乏程度。

以叶片的常规（全量）分析结果为依据判断营养元素的丰缺，这种方法已比较成熟。目前世界各国都广泛采用，获得显著成效。

（2）组织速测诊断　利用对某种元素丰缺反应敏感的植物新鲜组织，进行养分含量快速测定，判断植物营养状况的方法。以简易方法测定植物某一组织鲜样的成分含量来反映养分状况。这是一类半定量性质的分析测定。被测定的一般是尚未被同化的或大分子的游离养分。它要求取用的组织对养分丰缺是敏感的。叶柄（叶鞘）常成为组织速测的十分适合的样本。这一方法常用于田间现场诊断，在有正常植株对照下对元素含量水平作大致的判断是有效的。组织速测由于要有元素的特异反应为基础，而且要符合简便要求等，所以不是所有元素都能应用。目前一般还限于氮、磷、钾等有限的几种元素。

（3）土壤分析诊断　一般是测定土壤的有效养分。土壤分析结果可以单独或与植株分析结果结合判断养分的丰缺，这样可使结论更为可靠。土壤分析诊断和植株分析诊断一样，也有速测和常规分析两类，其适用场合也与相应的植株分析相似。

在缺乏症诊断中，由于缺乏症通常不是所有植株都普遍均匀地发生。所以需要按症状有无及轻重分别采取根际土壤。

3. 施肥诊断

（1）根外施肥诊断　即采用叶面喷、涂、切口浸渍、枝干注射等办法。提供某种被怀疑元素，使植物吸收，观察植物反应，症状是否得到改善等作出判断。这类方法主要用于微量元素缺乏症的应急诊断。技术上应注意：所用的肥料或试剂应该是水溶、速效的，浓度一般不超0.5%，对于铜、锌等毒性较大的元素有时还需要掺加与元素盐类同浓度的生石灰作预防。

（2）抽减试验诊断　在验证或预测土壤缺乏某种或几种元素时可采用此法。所谓抽减法即在混合肥料基础上，根据需要检测的元素，设置不加（即抽减）待验元素的小区，如果同时检验几种元素时则设置相应数量的小区，每一小区抽减一种元素，另外加设一个不施任何肥料的空白小区。

（3）长期定位监测试验　土壤营养元素的监测试验广义地说也是施肥诊断的一种。对一个地区土壤的某些元素的动态变迁，通过选择代表性土壤，设置相应的处理进行长期定点来监测，以便拟定相应的施肥措施。

二、菜豆缺素症状及防治

(一) 缺氮

症状　植株生长差，叶色淡绿，叶小，下部叶片先老化变黄甚至脱落，后逐渐上移，遍及全株；坐荚少，荚果生长发育不良。

发生原因　土壤本身含氮量低；种植前施大量没有腐熟的作物秸秆或有机肥，碳素多，其分解时夺取土壤中氮；产量高，收获量大，从土壤中吸收氮多而追肥不及时。

诊断要点　从上部叶，还是从下部叶开始黄化，从下部叶开始黄化则是缺氮；注意茎蔓的粗细，一般缺氮蔓细；定植前施用未腐熟的作物秸秆或有机肥短时间内会引起缺氮；下部叶叶缘急剧黄化（缺钾），叶缘部分残留有绿色（缺镁）。叶螨为害呈斑点状失绿。

防治方法　施用新鲜的有机物（作物秸秆或有机肥）作基肥要增施氮素或施用完全腐熟的堆肥；应急措施：可叶面喷施0.2%~0.5%尿素液。

(二) 缺磷

症状　苗期叶色浓绿、发硬、矮化；结荚期下部叶黄化，上部叶叶片小，稍微向上挺。

发生原因　堆肥施量小，磷肥用量少易发生缺磷症；地温常常影响对磷的吸收。温度低，对磷的吸收就少，大棚等保护地冬春或早春易发生缺磷。

诊断要点　注意症状出现的时期，由于温度低，即使土壤中磷素充足，也难以吸收充足的磷素，易出现缺磷症。在生育初期，叶色为浓绿色，后期下部叶变黄，出现褐斑。

防治方法　菜豆苗期特别需要磷，要特别注意增施磷肥；施用足够的堆肥等有机质肥料。

（三）缺钾

症状　在菜豆生长早期，叶缘出现轻微的黄化，在次序上先是叶缘，然后是叶脉间黄化，顺序明显；叶缘枯死，随着叶片不断生长，叶向外侧卷曲；叶片稍有硬化；荚果稍短。

发生原因　土壤中含钾量低，而施用堆肥等有机质肥料和钾肥少，易出现缺钾症；地温低，日照不足，土壤过湿、施氮肥过多等阻碍对钾的吸收。

诊断要点　注意叶片发生症状的位置，如果是下部叶和中部叶出现症状可能缺钾；生育初期，当温度低，保护地栽培时，气体障碍有类似的症状，要注意区别；同样的症状，如出现在上部叶，则可能是缺钙。

防治方法　施用足够的钾肥，特别是在生育的中、后期不能缺钾；出现缺钾症状时，应立即追施硫酸钾等速效肥。亦可进行叶面喷施 1%~2% 的磷酸二氢钾水溶液 2~3 次。

（四）缺钙

症状　植株矮小，未老先衰，茎端营养生长缓慢；侧根尖部死亡，呈瘤状突起；顶叶的叶脉间淡绿或黄色，幼叶卷曲，叶缘变黄失绿后从叶尖和叶缘向内死亡；植株顶芽坏死，但老叶仍绿。

发生原因　氮多、钾多或土壤干燥，阻碍对钙的吸收；空气湿度小，蒸发快，补水不足时易产生缺钙；土壤本身缺钙。

诊断要点　仔细观察生长点附近的叶片黄化状况，如果叶脉不黄化，呈花叶状则可能是病毒病；生长点附近萎缩，可能是缺硼。但缺硼突然出现萎缩症状的情况少，而且缺硼时叶片扭曲。这一点可以区分是缺钙还是缺硼。

防治方法　土壤钙不足，增施含钙肥料；避免一次用大量钾肥和氮肥；要适时浇水，保证水分充足；应急措施：用0.3%的氯化钙水溶液喷洒叶面。

（五）缺镁

症状　菜豆在生长发育过程中，下部叶叶脉间的绿色渐渐地变黄，进一步发展，除了叶脉、叶缘残留点绿色外，叶脉间均黄白化。

发生原因　土壤本身含镁量低；钾、氮肥用量过多，阻碍对镁的吸收。尤其是大棚栽培更明显。

诊断要点　生育初期至结荚前，若发生缺绿症，缺镁的可能性不大。可能是与在保护地里由于覆盖，受到气体的障碍有关；缺镁的叶片不卷缩。如果硬化、卷缩应考虑其他原因；认真观察发生缺绿症叶片的背面，要看是否是螨害、病害；缺镁症状与缺钾症状相似，区别在于缺镁是从叶内侧失绿；缺钾是从叶缘开始失绿。

防治方法　土壤诊断若缺镁，在栽培前要施用足够的含镁肥料；避免一次施用过量的、阻碍对镁吸收的钾、氮等肥料；应急对策：用1%～2%硫酸镁水溶液喷洒叶面。

（六）缺锌

症状　从中部叶开始褪色，与健康叶比较，叶脉清晰可见；随着叶脉间逐渐褪色，叶缘从黄化到变成褐色；节间变短，茎顶簇生小叶，株形丛状，叶片向外侧稍微卷曲，不开花结荚。

发生原因　光照过强易发生缺锌；若吸收磷过多，植株即使吸收了锌，也表现缺锌症状；土壤pH值高，即使土壤中有足够的锌，但其不溶解，也不能被作物所吸收利用。

诊断要点　缺锌症与缺钾症类似，叶片黄化。缺锌多发生在中上部叶，缺钾多发生在中下部叶；缺锌症状严重时，生长点附近节间短缩。

防治方法　不要过量施用磷肥；缺锌时可以施用硫酸锌，每亩用1~1.5kg；应急对策：用硫酸锌0.1%~0.2%水溶液喷洒叶面。

(七) 缺硼

症状　植株生长点萎缩变褐干枯。新形成的叶芽和叶柄色浅、发硬、易折；上部叶向外侧卷曲，叶缘部分变褐色；当仔细观察上部叶叶脉时，有萎缩现象；荚果表皮出现木质化。

发生原因　土壤干燥影响对硼的吸收，易发生缺硼；土壤有机肥施用量少，在土壤pH值高的田块也易发生缺硼；施用过多的钾肥，影响了对硼的吸收，易发生缺硼。

诊断要点　从发生症状的叶片的部位来确定，缺硼时症状多发生在上部叶；叶脉间不出现黄化；植株生长点附近的叶片萎缩、枯死，其症状与缺钙相类似。但缺钙叶脉间黄化，而缺硼叶脉间不黄化。

防治方法　土壤缺硼，预先施用硼肥；要适时浇水，防止土壤干燥；多施腐熟的有机肥，提高土壤肥力；应急对策：用0.12%~0.25%的硼砂或硼酸水溶液喷洒叶面。

(八) 缺铁

症状　幼叶叶脉间褪绿，呈黄白色，严重时全叶变黄白色干枯，但不表现坏死斑，也不出现死亡。

发生原因　碱性土壤、磷肥施用过量或铜、锰在土壤中过量易缺铁；土壤过干、过湿，温度低，影响根的活力，易发生缺铁。

诊断要点　缺铁的症状是出现黄化，叶缘正常，不停止生长发育；检测土壤pH值，出现症状的植株根际土壤呈碱性，有可能是缺铁；在干燥或多湿等条件下，根的功能下降，吸收铁的能力下降，会出现缺铁症状；植株叶片是出现斑点状黄化，还是全叶黄化，如是全叶黄化则缺铁。

防治方法　尽量少用碱性肥料，防止土壤呈碱性，土壤 pH 值应为 6~6.5；注意土壤水分管理，防止土壤过干、过湿；应急对策：用硫酸亚铁 0.1%~0.5% 水溶液喷洒叶面。

(九) 缺钼

症状　植株生长势差，幼叶褪绿，叶缘和叶脉间的叶肉呈黄色斑状，叶缘向内部卷曲，叶尖萎缩，常造成植株开花不结荚。

发生原因　酸性土壤易缺钼；含硫肥料（如过磷酸钙）的过量施用会导致缺钼；土壤中的活性铁、锰含量高，也会与钼产生拮抗，导致土壤缺钼。

诊断要点　从发生症状的叶片的部位来确定，缺钼时症状多发生在上部（幼）叶；检测土壤 pH 值，出现症状的植株根际土壤呈酸性，有可能是缺钼；是否出现"花而不实"现象。

防治方法　改良土壤，防止土壤酸化；应急对策：每亩喷施 0.05%~0.1% 的钼酸铵水溶液 50kg，分别在苗期与开花期各喷 1~2 次。

三、菜豆过量施肥的危害与防治

(一) 过量施用化肥的危害

过量施用化肥不仅使土壤肥力迅速下降，严重影响菜豆品质，破坏了环境，因化学物残留而危害人体健康。

1. 给农民带来严重的收入损失

我国农户习惯凭传统经验施肥，不考虑各种肥料特性，盲目采用"以水冲肥""一炮轰"等简单的施肥方法。全国有 1/3 农户对作物过量施肥，导致农民种地投入不断增加，产量增加，但增产不增收的现象越来越严重。有的地方由于长期过量施用化肥，只增加成本不增加产量，造成农产品品质低劣，使农民收入增加缓慢甚至降低其收入。

2. 导致菜豆质量下降

由于农田大量施用单元素化肥，其养分不能被作物有效地吸收利用。氮、磷、钾等一些化学物质易被土壤固结，使各种盐分在土壤中积累，造成土壤养分失调，部分地块的有害重金属含量和有害病菌量超标，导致土壤性状恶化，菜豆植株体内部分物质转化合成受阻，使其品质降低，超量施用化肥还容易使菜豆植株生长性状降低等。

3. 导致菜豆安全生产受到威胁

过量施用化肥极易使植株倒伏，而一旦出现倒伏，就必然导致减产；过量施用化肥还容易发生病虫害。施用过量的氮肥，会使植株抗病虫害能力减弱，易遭病虫的侵染，继而会增加防治病虫害的农药用量，直接威胁产品的安全性。一旦食用受污染的农产品，就会对人类身体造成严重威胁，引发中毒及诱发其他病症。

4. 浪费大量资源

化肥成本之所以居高不下，是因为生产原料紧缺。如果节约生产或合理使用化肥，就会缓解菜豆生产中能源浪费的状况。

（二）防止过量施用化肥的对策

随着现代农业科技的普及，越来越多的人已经认识到过量施用化肥会造成农产品品质下降、土壤功能退化、环境污染加剧及紧缺能源利用率低等一系列问题。解决这些问题的办法是加强全社会对过量施用化肥问题的关注，分析导致化肥过量施用的原因，采取切实可行的办法减少化肥的过量施用，以生物肥和有机肥取而代之，以提高土壤肥力和作物产量。

1. 提高对合理施用化肥的认识

各级政府和广大农户要充分认识过量施用化肥的危害，把合理施用化肥看成是牵一发而动全身的大问题。通过合理施肥，解决农业增产不增收、环境污染、作物品质下降、资源浪费严重等问题。要充分利用新闻媒体、网络和其他媒介在全社会大力宣传合理施用化肥的重要性，让合理施用化肥的意识牢牢根植于广大农民的意识之中。

2. 大力推广测土配方施肥技术

改变广大农户不合理的施肥方法，向广大农民普及科学施肥的理念和技术。加强和完善配方施肥中的各项技术措施，不断充实完善施肥参数，如单位产量养分吸收量、土壤养分利用率、化肥利用率等。在原来检测土壤、植物营养需求的基础上，新增水质、土壤有害物质、化肥农药污染等环境条件分析项目，优化配方施肥技术。同时，要增加有机肥在配方施肥中的比重，加大对微肥和生物肥的利用，协调大量元素与微量元素之间的关系。通过合理施肥，既保证菜豆植株旺盛生长，促使增强抗病和防病能力，提高产品产量和品质，又节省能源，保护环境，同时减少农民负担。

第六节　菜豆施肥技术

一、菜豆施肥的方式

（一）育苗肥

菜豆栽培以直播为主。随着保护地菜豆栽培技术的发展，采用育苗移栽的方法在逐渐增加。育苗所用的营养土要选择 2~3 年内没有种过菜豆的菜园土，用 4 份菜园土与 4 份腐熟的马粪和 2 份腐熟的鸡粪混合制成，在每 100kg 营养土中再掺入 2~3kg 过磷酸钙和 0.5~1.0kg 硫酸钾。土壤酸碱度应以中性或弱酸性为宜，土壤过酸会抑制根瘤菌的活动。在酸性土壤中，可酌量施用石灰中和酸度，施石灰时要与床土拌匀，用量不能太多，用量大或混合不均匀容易引起烧苗和氨的挥发，造成气体危害。

（二）基肥

菜豆是豆类中喜肥的作物，虽然有根瘤，但固氮作用很弱。在根瘤菌未发育的苗期，利用基肥中的速效性养分来促进植株生长发育很有必要。一般每亩用厩肥4 000~5 000kg，磷酸钙20~35kg，草木灰100kg。矮生菜豆的基肥量可以适当减少。菜豆根系对土壤氧气的要求较高，施用未腐熟鸡粪或其他有机肥，将导致土壤还原气体增加，氧气减少，引起烂种和根系过早老化，对产量的影响很大。所以施基肥要注意选择完全腐熟的有机肥，同时还不宜用过多的氮素肥料做种肥。

（三）追肥

播种后20~25d，在菜豆开始花芽分化时，如果没有施足基肥，菜豆表现出缺肥症状，应及时进行追肥，每亩追施20%~30%的稀人畜粪尿约1 500kg，也可在每1 000kg稀粪中加入硫酸钾4~5kg。及早进行追肥增产效果明显，但苗期施过多氮肥，会使菜豆徒长，因此，是否追肥应根据植株长势而定。

在开花结荚期需肥量最大，蔓生品种结荚期的营养主要是从根部吸收来的，有一部分是从茎叶中转运过去的，而且开花结荚期较长。而矮生品种菜豆结荚期的营养由茎叶转运的高于根部吸收的，因此，蔓生品种较矮生品种需肥量大，施肥的次数也要多。一般矮生菜豆追肥1~2次，蔓生菜豆追施2~3次。每次追施纯氮3~5kg（尿素7~11kg或硫酸铵14~23kg），氧化钾5~7kg（硫酸钾10~15kg），最后一次氮肥的用量减半，钾肥用量也可减半或不施。

二、菜豆无公害栽培施肥技术

（一）春季露地栽培

1. 整地施肥

选用土层深厚、疏松肥沃、通气性良好的沙壤土，最好冬前进行深翻晒土，冻垡，入春后耙地。另外，选择地块时切忌重茬，不能与豆类作物连作，前茬最好是大白菜、茄科作物或葱蒜类。

菜豆虽有根瘤菌，但仍需施入适量氮肥。菜豆对磷钾肥反应敏感，增施磷肥可促进根瘤菌的活动。一般结合整地作畦，每亩施入有机肥3 000~5 000kg，过磷酸钙50kg，钾肥30~40kg或草木灰40kg。架豆一般做成80~90cm的畦，栽2行，矮生菜豆做成1.7m的畦，栽4行。

2. 追肥

菜豆在整个生育期中需氮、钾肥较多，磷肥较少，还需一定量的钙。一般结合浇水追肥3~4次，第一次在团棵后追施提苗肥，每亩追施人粪尿1 000kg；第二次在嫩荚坐住后追施催荚肥，每亩施尿素10~15kg或人粪尿500kg、过磷酸钙10kg；以后在盛荚期再追肥2次，或人粪尿每亩1 000 kg，或硫酸铵每亩15~20kg。

（二）秋季露地栽培

1. 整地做畦

栽培地块在前茬拉秧后应马上深翻灭草，每亩施基肥3 000kg。做成10~15cm的小高畦，便于排涝，畦的大小可与春播相同。

2. 肥水管理

秋菜豆生长期短，应从苗期就加强肥水管理，力争在较短时间能长成较大的株型，提早开花结荚。一般从第1真叶展开后要适当浇水追肥，开花初期适当控制浇水，结荚之后开始增加浇水量。需要注意的是雨季一方面要排水，另外还应浇井水以降低地温，因雨季的雨是"热雨"。随着气温逐渐下降，浇水量和浇水次数也相应减少。追肥可于坐荚后施化肥，每亩施磷钾复合肥10kg。

（三）大棚菜豆春早熟栽培

1. 培育壮苗

由于大棚在3月中下旬才能栽种菜豆，所以一般先在日光温室或温床育苗，然后移栽到大棚，以达到早熟之目的。

2. 整地施肥

上茬作物拉秧后即进行深翻晒土。定植前半个月每亩施农家肥5 000kg、过磷酸钙50kg、硫酸钾25kg、饼肥100kg。深耕耙平后做成1~1.2m宽的小高畦，之后扣上薄膜进行烤地，准备定植。

3. 中耕及肥水管理

早春温度低，定植后主要依靠中耕进行保墒，少浇或不浇水。一般定植2~3d即开始中耕培土，以提高地温。缓苗后浇一次缓苗水，闭棚3~5d，提高温度。之后进入蹲苗期，其间进行2~3次中耕。甩蔓时结束蹲苗，浇一次透水。并随水追施稀粪肥每亩1 000kg或硫酸铵30kg，几天后再浇一次水。进入开花期禁止浇水。当第一批幼荚坐住5cm大小时再肥水齐放，促进幼荚伸长，这就是所谓的"浇荚不浇花"。以后每7~10d浇一次水，每次每亩随水追施化肥10kg或粪稀300kg。前期可叶面喷施0.01%~0.03%的钼酸铵，后期可叶面喷施0.2%~0.5%尿素和磷酸二氢钾。

（四）日光温室早春茬菜豆栽培

1. 整地施肥

前茬收获结束后要及时清除残株枯叶。播种前10d左右每亩施腐熟有机肥 5 000~6 000kg、三元复合肥 50kg（或磷酸二铵50kg）做基肥。深翻耙平后，做成宽 1~1.2m，南北向、中间稍低的小高畦，以便生长期膜下灌水。

2. 追肥

第一花序嫩荚坐住后，结合浇水每亩随水施入尿素 10kg（或硫酸铵 15~20kg），配施磷酸二氢钾 1kg，或施入 1 000kg 人粪尿。以后每采收两次随水追肥 1 次，最好化肥与人粪尿交替施用。为减少落花，可结合防治病虫害进行叶面追肥，一般在 10~15d 喷 1 次。叶面肥有：0.08%~0.1%钼酸铵、0.3%~0.5%磷酸二氢钾、0.5%尿素、0.08%~0.1%硼酸、光合微肥等。

（五）日光温室秋冬茬菜豆栽培

1. 整地施肥

前茬收获后及时清除残株枯叶，浇一次透水，晒地 2~3d，每亩施腐熟有机肥 5 000~6 000kg，过磷酸钙 50kg，氮磷钾复合肥或磷酸二铵 50kg 作基肥，深翻 25~30cm，晒地 5~7d，耙平做成平畦、高畦或中间稍洼的小高畦均可，畦宽 1~1.2m。

2. 追肥

第 1 花序嫩荚坐住后，结合浇水每亩追施硫酸铵 15~20kg或尿素 10kg，配施磷酸二氢钾 1kg，或施入稀人粪尿 1 000kg。以后根据植株生长情况结合浇水再追肥一次。

生育期间可进行多次叶面追肥。亦可结合防治病虫用药时进行。叶面肥可选用 0.2%尿素、0.3%磷酸二氢钾、0.08%硼酸、0.08%钼酸铵、光合微肥、高效利植素等。有利于提高坐荚率，增加产量，改善品质。

（六）日光温室冬春茬菜豆栽培

1. 整地施肥

如前茬在 11 月上旬收获完毕，应立即深耕，将病虫杂草翻入下层。然后增施有机肥每亩 5 000kg 以上、复合肥 50kg，深耕混匀，做成 1.2m 宽的高畦。按行距 60~80cm，穴距 20~25cm 播种；若前茬收获较晚时，先在其他地块或温室的边缘地角进行育苗，然后移栽。

2. 肥水管理

苗期一般不浇水施肥，直至开花前仍需控制浇水。第 1 批荚坐住后增加灌水量，保持土壤湿润，但应尽量晴天中午浇水，利于恢复地温。整个生育期需浇水 5~6 次，追肥 2~3 次。温室环境下肥水不要过多，否则菜豆容易徒长、发病。

三、绿色食品菜豆栽培施肥技术

（一）整地施肥

选择土壤肥沃，2~3 年内没有种过菜豆的沙壤土地块。前茬收获后及时清除残株枯叶，施入基肥，基肥用量应占施肥总量的 70% 以上。播前半个月深翻 25~30cm，晒地 5~7d，耙平做成平畦、高畦或中间稍洼的小高畦均可，畦宽 1~1.2m。

（二）重施基肥

绿色食品菜豆栽培以施基肥为主，追肥为辅。由于菜豆的采收期长，有机肥作基肥使用时要保证用量充足，结合整地，一般亩施经无害化处理的有机肥 2 000kg 左右、复合肥 30kg、硫酸钾或氯化钾 10kg，复合微生物肥料 90kg 作为基肥。

（三）巧施追肥

根据蔓生种需肥量大，矮生种需肥量小的特点及植株生长发育状况，按照前期低浓度、后期较高浓度的原则，于复叶出现、抽蔓插架、开花结荚盛期及后期，追施 2~4 次经无害化处理的有机肥，每次 50~100kg。或者在第一花序嫩荚坐住后，结合浇水每亩随水施入尿素 10kg（或硫酸铵 15~20kg），配施磷酸二氢钾1kg。以后每采收两次随水追肥1次，最好化肥与有机肥交替施用。为减少落花，可结合防治病虫害用0.3%~0.5%磷酸二氢钾进行叶面追肥，一般10~15d喷1次。

四、有机菜豆栽培施肥技术

(一) 整地施肥

有机菜豆的种植过程中，应做到种菜与培肥地力同步进行。前茬收获后，先将基肥均匀撒施，后深翻27~30cm，结合整地，将肥料均匀地混入耕作层内，以利于根系吸收。晒土10~15d，耕耙后备用。

(二) 重施基肥

有机肥作基肥使用时要保证用量充足，否则由于有机肥本身氮、磷、钾含量低，加之肥效缓，不可避免地会出现缺肥症状。一般基肥每亩施腐熟的优质农家肥3 000~5 000kg（或鸡粪1 500~2 000kg）、生物有机肥（或饼肥）50~100kg、磷矿粉（镉含量不大于90mg/kg）50kg、草木灰30~50kg。

(三) 巧施追肥

在施肥灌水上要实行"干花湿荚""前控后促"、花前少施、花后多施，结荚期重施的水肥管理原则。具体如下：

1. 开花结荚前

以控水蹲苗为主，防止营养生长过旺而导致落花落荚。土壤墒情良好，应坐荚后浇水追肥。土壤过于干旱，或植株长势较弱，可在开花前或插架前浇1次小水，并追施提苗肥。每亩追施腐熟稀粪500~1 000kg或开沟穴施腐熟鸡粪200kg。

2. 菜豆结荚后

应重点浇水、追肥。当第一花序嫩荚坐住（3~4cm长）时，追肥一次。每亩追施商品有机肥100kg，或腐熟豆粕、油渣

150kg，或腐熟人粪尿 500~750kg。追肥采用穴施，施肥穴深度要在 10cm 以下，施后必须覆土。后期可视生长情况追肥 1~2次。也可适当施一些沼液，以 3 : 1（3 份水 1 份沼气液）的比例沟灌。如发现菜豆出现缺素症状时，可叶面喷施腐殖酸、氨基酸类有机叶面肥。叶面肥在菜豆园采摘前 10d 应停止使用。有机菜豆使用的叶面肥必须是在农业部登记并获得有机认证机构认证的合格产品。也可用沼液对 1.5 倍清水在叶面喷 2~3 次。结荚期如遇久旱不雨，一般 5~7d 浇水 1 次，保持田间最大持水量为60%~70%。

　　3. 菜豆开花结荚后期

　　生长势变弱，可通过施肥促进菜豆翻花，提高产量。具体方法为：在采收后期摘除下部老黄叶，连续追腐熟稀粪肥 2~3 次，促进抽生侧枝恢复生长，并由侧枝继续开花结荚。

第四章 豇豆科学施肥技术

第一节 豇豆的植物学特征及生长发育特点

豇豆又名豆角、带豆。豆科豇豆属一年生缠绕性草本植物，原产于亚洲东南部。豇豆营养价值高，豇豆的鲜豆荚含有丰富的胡萝卜素，在干物质中蛋白质含量为 2.7% 左右，糖类为 4.2%，此外亦含有少量维生素 B 及维生素 C，豇豆可炒食、凉拌或腌泡，老熟豆粒可作粮用，是夏、秋主要蔬菜之一，对蔬菜的周年供应特别是 7—9 月蔬菜淡季供应有重要作用。

一、豇豆的植物学特征

(一) 根

豇豆根系发达，成株主根长达 80~100cm，侧根可达 80cm，耐旱力较强，主要根群集中于地表 15~18cm 的耕层内。但根部容易木栓化，侧根稀疏，再生能力弱，在育苗移栽时，需注意保护根系。根系上的根瘤稀少，不及其他豆类蔬菜发达。

(二) 茎

豇豆的茎有矮生、蔓生和半蔓生 3 种，矮生种茎蔓直立或半开放，花芽顶生，株高 40~70cm；蔓生种茎的顶端为叶芽，在适宜的条件下主茎不断伸长，可达3m以上，侧枝旺盛，并能不断结荚，需设支架栽培；半蔓性种，茎蔓生长中等，一般高100~200cm。无论蔓生种或半蔓生种，均为花序侧生，茎蔓呈左旋性。

（三）叶

豇豆发芽时子叶出土初生真叶两枚，单叶，对生。以后真叶为三出复叶，中间的小叶片较大，卵状菱形，长5~15cm，小叶全缘，叶肉较厚，叶面光滑，深绿色，基部有小托叶。叶柄长15~20cm，绿色，近节部分常带紫红色。

（四）花

豇豆的花为总状花序着生在叶腋中，花梗长10~16cm，每花序有4~8枚花蕾，通常成对互生于花序近顶部，多数花序只结两个荚果，左右相对而生。蝶形花，萼浅绿色，花冠有黄色、淡紫红色、浅紫色或蓝紫色。龙骨瓣内弯或弓形，非螺旋状。豇豆是比较严格的自花授粉作物。花在早晨开放，正午闭合。凡以主蔓结果的品种，第一花序着生节位，早熟种一般为第三至第五节，晚熟种为第七至第九节；以侧蔓结果的品种，分枝性较强，侧蔓第一节位即可抽生花序。各花序第一对花开放坐荚后，5~6d第二对花开放。如水肥充足、条件适宜，可陆续坐果2~4对。

（五）果实和种子

果实为荚果，细长，扁圆筒形，其长短大小及颜色因品种而异。长荚种果长30~90cm，短荚种只有10~30cm。果荚颜色呈深绿、淡绿、紫红或间有花斑彩纹等多种色泽。每个荚果有种子10~24粒。种子无胚乳，肾形，有红、黑、红褐、红白和黑白双色籽等。种子千粒重120~150g。

二、豇豆的生长发育特点

豇豆自播种至豆荚采收结束需 90~120d，可分为 4 个时期，即种子发芽期、幼苗期、抽蔓期和开花结果期。

（一）种子发芽期

由种子萌动至第一对真叶开展为种子发芽期。第一对真叶为单叶对生，其后的真叶为互生的三出复叶。温度在 20~30℃，种子发芽需 6~7d；若温度降至 14~21℃，则要 10~12d。种子发芽时，水分过多，种子易霉烂。在生产上，播种后遇低温阴雨天，常常烂种，且幼苗易发生病害。因此，在发芽期要特别注意控制水分供应，并及时松土，以提供豇豆发芽时有疏松透气和排水良好的环境条件。

（二）幼苗期

第一对真叶开展至长出 7~8 片复叶为幼苗期，在 20℃ 以上的条件下生长期 15~20d。此期温度低于 15℃，或阴雨天气，幼苗容易坏根，重者死苗，生长期则延长。在 2~3 复叶时开始分化花序原基。豇豆根系再生能力弱，如果进行育苗移栽，要在第一对真叶时进行，否则幼苗不易成活。

（三）抽蔓期

幼苗有 7~8 片复叶至植株现蕾为抽蔓期，10~15d。若早春气温低，此期所需时间增长。在抽蔓期，主茎迅速生长，腋芽也开始抽生侧蔓。若气温较高、阳光充足，主蔓生长粗壮，侧蔓也发生较快；气温过低或过高、或阴雨天多，茎蔓生长较细弱。此期根系也迅速生长，形成根瘤。生长适温 20~25℃，35℃ 以上或 15℃ 以下，雨水多，土壤湿度大，容易引起根腐病或疫病等。

（四）开花结果期

从现蕾开始至采收结束为开花结荚期，此期长短因品种、栽培季节和栽培条件差别很大，历时 45~75d。其间现蕾至开花约 5~7d，开花至豆荚商品成熟约 10d。开花结荚期间，茎叶继续生长，特别是结荚前期和中期茎叶生长旺盛，现蕾前后茎叶生长过旺会延迟开花结荚，应适当控制茎叶生长。开花结荚适温 20~30℃，以 25℃左右最适。

第二节　豇豆生长发育对环境条件的要求

一、温度

豇豆是耐热性蔬菜，能耐高温，不耐霜冻。在 25~35℃的温度，种子发芽较快，而以在 35℃时，发芽率和发芽势最好，在 20℃以下温度，发芽缓慢，发芽率降低，在 15℃的较低温度时发芽势和发芽率都差。对于豇豆种子播种后的出土成苗则以 30~35℃时为快，抽蔓以后在 20~25℃的气温下生长良好，35℃左右的高温下仍能生长结荚，15℃左右时生长缓慢，在 10℃以下时间较长则生长受到抑制。在 3~4℃的短期低温下，幼苗就会受到冻害。在接近 0℃时，植株冻死。

二、光照

豇豆属于短日照作物，但不少品种对日照长短的要求并不严格，不论在日照渐长的初夏或渐短的深秋均能开花结荚，表现为中光性。一般矮生种较蔓生种对日照长短的反应稍微严格一些。豇豆喜阳光，在开花结荚期间需要良好日照，如光线不足，会引起落花落荚。

三、水分

豇豆根系发达，吸水力强，叶面蒸腾量小，所以比较耐旱。但对水分要求较严格，若空气湿度大，易引起病害。种子发芽期和幼苗期不宜过多水分，以免降低发芽率，或使幼苗徒长，还会引发"锈根"，甚至烂根死苗，也不利根瘤活动。开花结荚期要求有适当的空气湿度和土壤湿度，土壤水分过多，易引起落花落荚。

四、土壤

适宜豇豆生长的土壤范围较广，在较瘠薄的土壤中也能种植，但以肥沃的壤土或沙质壤土为好，不宜选用黏重和低湿的土壤。对于土壤酸碱度的反应，pH 值以 6.2~7 为宜，即适于中性或微酸性土壤，土壤酸性过强，会抑制根瘤菌的生长，也会影响植株的生长发育。

第三节　豇豆各生育需肥、吸肥特点

一、豇豆对营养元素的吸收

豇豆生长全期的需肥特点为：前期基肥（最好为农家肥）施足；幼苗期，豇豆的需肥不怎么明显，主要是补充一些微量元素；开花、结荚期，豇豆对各类营养的需求增加，可增施磷肥、钾肥、微肥。有人测算，豇豆在全生长期所需氮磷钾的比例为 4.2：1.8：4。但是，因为豇豆根瘤菌的固氮作用，所以在现实施肥中，应适量施氮肥，增施磷、钾肥、微肥。

豇豆的根系较发达，但是其再生能力比较弱，主根的入土深度一般为 80~100cm，群根主要分布在 15~18cm 的耕层内，侧根稀少，根瘤也比较少，固定氮的能力相对较弱。豇豆根系对土壤的适应性广，但以肥沃、排水良好、透气性好的土壤为好，过于黏重和低湿的土壤不利于根系的生长和根瘤的活动。

　　豇豆对肥料的要求不高，在植株生长前期，由于根瘤尚未充分发育，固氮能力弱，应该适量供应氮肥，但不宜施用过多的氮肥，以免引起茎叶徒长，不利于结荚。开花结荚后，植株需要大量的营养物质，尤其对磷、钾元素的需要量增加，根瘤菌的固氮能力也增强，但其根瘤又不及其他豆科植物发达，因此必须供给一定数量氮肥，但也不能偏施氮肥。增施磷、钾肥，可以缩短生长期和促进根瘤数量，根瘤较多，豆荚充实饱满，产量增加。此期肥料供应不足，会影响豇豆的产量与品质。这个时期由于营养生长与生殖生长并进，对各种营养元素的需求量增加。相关的研究表明：每生产 1 000kg 豇豆，需要纯氮 10.2kg，五氧化二磷 4.4kg，氧化钾 9.7kg，但是因为根瘤菌的固氮作用，豇豆生长过程中需钾素营养最多，磷素营养次之，氮素营养相对较少。因此，在豇豆栽培中应适当控制水肥，适量施氮，增施磷、钾肥。

　　除此之外，豇豆叶面肥施用具有用量省、肥效快等特点，特别是在生长后期根系活力降低、吸肥能力衰退时，采用根外追肥可以收到明显效果。在生长盛期，根据豇豆的生长现状，可适时用 0.3% 的磷酸二氢钾进行叶面施肥。同时为促进豇豆根瘤提早共生固氮，可用固氮菌剂拌种。

二、豇豆发芽期吸肥需肥特点

　　豇豆子叶期养分需求主要依靠子叶分解，供幼株生长，随生长的进行，子叶养分耗尽，便枯黄脱落，植株即进入自养阶段。

三、豇豆苗期吸肥需肥特点

豇豆在苗期一般不需要追肥，但在土壤肥力较低的土地上，也应适当追施提苗肥，否则会影响幼苗正常生长。一般幼苗期只需补充一定量的氮、钾肥即可。豇豆大约在播种后25d，花芽分化开始，需及时追肥，一般以追施速效氮肥为主。

四、豇豆结荚期吸肥需肥特点

豇豆开花结荚初期，有大量根瘤形成，固氮能力最强，此时应尽量避免施用过多氮肥，以防止由于根瘤菌的惰性作用，使固氮量相对减少。盛花期、结荚期的每次采收之后，应增施磷肥、钾肥，以防止植株早衰，促进侧枝萌发和侧花芽的形成，并使主蔓上原有的花序继续开花结荚。开始采收时是需肥水最多的时期，此时除吸收大量的磷钾肥外，还需适量氮肥。也可采用叶面追肥方法进行追肥。

结合上述特点，豇豆施肥应该注意以下3点。

（1）在豇豆种植之前，施足基肥，最好是农家肥，条件不足的以有机肥+含高磷、高钾的复混肥代替，同时应根据该地块的土壤肥力，合理增减肥量。

（2）在豇豆的盛花期、结荚期的每次采收之后，应增施磷肥、钾肥，以防止植株早衰，促进侧枝萌发和侧花芽的形成，并使主蔓上原有的花序继续开花结荚。

（3）"农之保靓"水溶肥在豇豆上的使用效果：在前期，能促进根瘤的旺盛发育，提高并提前激活根瘤菌的固氮能力；在中后期，可促进豇豆花芽分化，促进开花，防止落花，并提高豇豆的结荚率，促进籽粒饱满，从而提高产量。

第四节　不同种类肥料对豇豆生长发育、产量、品质的影响

　　无公害豇豆生产中，化肥作为主要施用肥料无可替代，如能加上有机肥施用，将显著提高产品的效益和品质。目前，大量施用化肥已致使土壤结构遭受严重破坏，也同样出现严重的化学残留，故实施有机肥下田和适当利用冬季绿肥轮作改良土壤质地，是实现土地肥力保持和农业可持续发展的必需途径。由于施用有机肥对改良土壤理化性状具有明显作用，在保护地栽培中，为提高豇豆品质，宜大力推广施用有机肥。

一、有机肥对豇豆生长发育、产量、品质的影响

　　有机肥不同施肥方式及施肥量对豇豆生长势、产量和功能叶光合速率均有影响。高肥水平处理下，豇豆生长势旺盛，光合速率高，产量高。在不同质地土壤上，不同施肥条件下豇豆产量由大到小的顺序：无机 N、P、K+有机肥→无机 N、P、K→高量有机肥→中量有机肥→低量有机肥。

　　豇豆生产中应用的有机肥主要是鸡粪或猪粪，这两种有机肥均可显著提高豇豆产量，但施用有机肥过多也会导致豇豆产量降低，土壤中养分过多，营养生长过旺，而生殖生长受到抑制，致使产量降低，一般有机肥施入量在每亩施肥 1 000kg 即可达到最高产量。适量施入有机肥同样能显著促进豇豆荚果可溶性糖、维生素 C、粗蛋白的含量，改善豇豆品质，同时施入有机肥可以明显降低豇豆硝酸盐、纤维素的含量。

二、化学肥料对豇豆生长发育、产量、品质的影响

追施氮肥，能明显增加豇豆植株的株高、有效分枝、单株荚数、单株粒数、单株粒重等经济性状。花期随着施氮量的增加，豇豆每株节数、分枝数、单株有效荚数、每荚粒数、百粒重都呈先增加后减少的趋势。

施用磷肥对豇豆总淀粉含量和蛋白质含量形成有促进作用，在一定范围内，豇豆总淀粉含量随着磷肥用量的增加而增加，每亩施用纯磷 5kg 即能显著改善豇豆品质，较高的磷肥用量是改善豇豆品质的一个重要措施。但过高磷肥用量对淀粉增加不显著。一定施磷范围内，豇豆总氨基酸含量随着磷肥用量的增加而增加，而一些豇豆品种适当降低磷肥用量也可获得较高氨基酸含量。因此在豇豆施磷肥的时候，既要考虑地力情况又要根据不同品种而定施肥量，既要满足豇豆需求又要减少浪费。

钾在豇豆的生长发育过程中有增加茎粗、叶面积和提高叶绿素含量的作用。并能有效提高豇豆的产量和维生素 C 含量、可溶性蛋白含量、总糖含量、还原糖含量等品质指标。对于钾能提高作物产量的原因，一般认为与其能明显增大作物叶面积，维持较高的叶绿素含量，使作物净光合率提高，增多光合产物，并能促进光合产物的运输等作用有关。

钾处理最有利于豇豆的生长发育，并且能取得最高产量和最佳品质，而高钾处理则效果有所下降，这说明在豇豆生产过程中钾肥施用量要适宜，并非越多越好，其中原因在于钾肥过量供应会破坏植株体内离子间的平衡，从而影响豇豆的产量及品质，造成钾肥施用效果的降低。

可见，在豇豆生产中、前期磷在低水平，氮在高水平时产量最低，而氮在低水平，钾在中间水平时产量最高，这就说明豇豆生育初期不需氮的施入，施氮反而减产。这是因为在豇豆开花结

荚初期，有大量根瘤形成，固氮能力最强，如果过多施用氮肥，反而会因根瘤菌的惰性作用，使固氮量相对减少，对植株氮素营养状况改善不大。生长后期氮、磷、钾都达到高水平时产量最高，这是因为豇豆随着苗期、开花结荚初期、嫩荚采收期的顺序对氮、磷、钾的需要量逐步增加。从总产量来看，当氮、磷、钾都达到高水平，而钾处于中间水平时产量最高，这说明在豇豆的整个生育期间，对氮、磷、钾的需求比较高，而钾只需适中。

由于影响豇豆产量与品质的因素较多，如豇豆品种、土壤肥力状况、降水量、前茬作物、栽培管理方法等，此类因素的影响也需要根据实际情况予以考虑。

第五节　豇豆营养元素失调症状及防治

一、豇豆营养元素失调的诊断方法

豇豆营养诊断就是以矿质营养原理为理论依据，以化学分析方法为主要手段，对生长着的豇豆植株（主要是叶组织）及其立地的根际土壤进行有关营养元素的取样、分析测定，以确认其营养元素含量的多少、各元素间的含量比例及土壤障碍因子等，是具体地指导豇豆合理施肥和防治缺素症的基础，是在各种条件下尽快有效地改善豇豆营养状况和生长发育状况，最充分地利用光能和地力、最大限度提高单产和产品质量的科学依据，也是衡量农业生产和科学技术现代化的标志之一。

豇豆植株出现病态症状的原因很多，对生长发育过程中出现的异常现象可从以下几个方面分析。

第一，与病虫害是否有关；

第二，有无其他非病虫原因，如施肥灼伤、旱涝、低温高温、光照过强或过弱、污染中毒等；

第三，该品种在各个生长时期有无形态上的变化；

第四，是否是因营养元素失调所致。

如不属于前3种原因，就可肯定是营养元素失调所致的。

营养失调引起的生理病害与由病毒、病菌引起的侵染性病害不同。营养失调植株往往散布全园，甚至邻近也发生相似症状，其病变部位常与叶脉有关，沿叶脉在叶脉间或沿叶缘发生，每片叶上症状相似而且散布面较广。病虫为害症状则一般与叶脉无关，叶片之间相似程度较小，为害较集中，但病毒病有时难以与营养失调症状区分。确定是生理病害后，再诊断所缺元素和分析缺素原因。

关于豇豆营养诊断的方法现在主要有形态诊断、化学诊断和施肥诊断。

（一）形态诊断

豇豆植株缺乏某种元素时，一般都在形态上表现特有的症状，即所谓的缺素症，如失绿、现斑、畸形等。由于元素不同、生理功能不同，症状出现的部位和形态常有它的特点和规律。缺氮、磷、钾、镁元素时主要表现在作物老叶片上，缺氯、硫、钙、硼、铁、铜、锌、锰、钼表现在嫩叶片上。

形态诊断的最大优点是不需要任何仪器设备，简单方便，对于一些常见的有典型或特异症状的失调症，常常可以一望而知。但形态诊断有它的缺点和局限性：一是凭视觉判断，粗放、误诊可能性大，遇疑似症，重叠缺乏症等难以解决；二是经验型的，实践经验起着重要作用，只有长期从事这方面工作具有丰富经验的工作者才可能应付自如。三是形态诊断是出现症状之后的诊断，此时作物生育已显著受损，产量损失已经铸成，因此，对当季作物往往价值不高。

(二) 化学诊断

1. 叶片分析诊断

叶分析是确定作物营养状态的有效技术。在营养可给性低的土壤上，叶分析特别有用；在营养可给性较高的土壤上则不很灵敏。诱导硝酸还原酶活性的方法可用来诊断植物的缺氮情况。用硝酸根来诱导缺氮植物根部或叶片中硝酸还原酶后做酶活性比较，诱导后酶活性较内源酶活性增高愈多，则表明植物缺氮愈严重。缺磷的植物，组织中的酸性磷酸酶活性高。磷酸酶的活性也可用于判断磷的缺乏程度。

以叶片的常规（全量）分析结果为依据判断营养元素的丰缺，这种方法已比较成熟。目前世界各国都广泛采用，获得显著成效。

2. 组织速测诊断

利用对某种元素丰缺反应敏感的植物新鲜组织，进行养分含量快速测定，判断植物营养状况的方法。以简易方法测定植物某一组织鲜样的成分含量来反映养分状况，这是一类半定量性质的分析测定，被测定的一般是尚未被同化的或大分子的游离养分。它要求取用的组织对养分丰缺是敏感的。叶柄（叶鞘）常成为组织速测的十分适合的样本。这一方法常用于田间现场诊断，在有正常植株对照下对元素含量水平作大致的判断是有效的。组织速测由于要有元素的特异反应为基础，而且要符合简便要求等，所以不是所有元素都能应用。目前一般还限于氮、磷、钾等有限的几种元素。

3. 土壤分析诊断

土壤分析诊断一般是测定土壤的有效养分。作物需要的矿质养分基本上都是从土壤中吸取，产量高低的基础是土壤的养分供应能力，所以土壤化学诊断一直是指导施肥实践的重要手段。在缺乏症诊断中，由于缺乏症通常不是所有植株都普遍均匀地发生。所以需要按症状有无及轻重分别采取根际土壤。

土壤分析结果可以单独或与植株分析结果结合判断养分的丰缺，这样可使结论更为可靠。土壤分析诊断和植株分析诊断一样，也有速测和常规分析两类，其适用场合也与相应的植株分析相似。

（三）施肥诊断

1. 根外施肥诊断

即采用叶面喷、涂、切口浸渍、枝干注射等办法。提供某种被怀疑元素，使植物吸收，观察植物反应，症状是否得到改善等作出判断。这类方法主要用于微量元素缺乏症的应急诊断。技术上应注意：所用的肥料或试剂应该是水溶、速效的，浓度一般不超过 0.5%，对于铜、锌等毒性较大的元素有时还需要掺加与元素盐类同浓度的生石灰作预防。

2. 抽减试验诊断

在验证或预测土壤缺乏某种或几种元素时可采用此法。所谓抽减法即在混合肥料基础上，根据需要检测的元素，设置不加（即抽减）待验元素的小区，如果同时检验几种元素时则设置相应数量的小区，每一小区抽减一种元素，另外加设一个不施任何肥料的空白小区。

3. 长期定位监测试验

土壤营养元素的监测试验广义地说也是施肥诊断的一种。对一个地区土壤的某些元素的动态变迁，通过选择代表性土壤，设置相应的处理进行长期定点监测，以便拟定相应的施肥措施。

二、豇豆缺素症状及防治

（一）缺氮

1. 症状

植株长势弱，叶片薄且瘦小，新叶叶色淡绿，老叶叶片黄化，易脱落，豆荚发育不良，弯曲，不饱满。

2. 发生原因

土壤本身含氮量低；种植前施大量没有腐熟的作物秸秆或有机肥，碳素多，其分解时夺取土壤中氮；产量高，收获量大，从土壤中吸收氮多而追肥不及时。

3. 诊断要点

从上部叶，还是从下部叶开始黄化，从下部叶开始黄化则是缺氮；注意茎蔓的粗细，一般缺氮蔓细；定植前施用未腐熟的作物秸秆或有机肥短时间内会引起缺氮；下部叶叶缘急剧黄化（缺钾），叶缘部分残留有绿色（缺镁）。叶螨为害呈斑点状失绿。

4. 防治方法

施用新鲜的有机物（作物秸秆或有机肥）作基肥要增施氮素或施用完全腐熟的堆肥；应急措施：及时施用氮肥，每亩追施尿素 15kg，或硫酸铵 30kg，以穴施或撒施为主，并辅以 0.3% 的尿素水溶液叶面喷施。

（二）缺磷

1. 症状

植株生长缓慢，其他症状不明显，叶片仍为绿色。

2. 发生原因

堆肥施用量小，磷肥用量少易发生缺磷症；地温常常影响对磷的吸收，温度低，对磷的吸收就少，大棚等保护地冬春或早春易发生缺磷。

3. 诊断要点

注意症状出现的时期，由于温度低，即使土壤中磷素充足，也难以吸收充足的磷素，易出现缺磷症。在生育初期，叶色为浓绿色，后期下部叶变黄，出现失绿和褐斑等现象。

4. 防治方法

磷肥的施用应以基施为主，前茬作物收获后，豇豆播种或定植前，每亩施用磷酸二铵 30kg，以沟施或穴施为主，最好与有机肥同时施用。生长中出现缺磷症状时，每亩追施磷酸二氢钾 10kg，穴施，同时叶面喷施 0.3%磷酸二氢钾水溶液。

(三) 缺钾

1. 症状

在豇豆生长早期，叶缘出现轻微的黄化，在次序上先是叶缘，然后是叶脉间黄化，顺序明显；叶缘枯死，随着叶片不断生长，叶向外侧卷曲；叶片稍有硬化；荚果稍短。

2. 发生原因

土壤中含钾量低，而施用堆肥等有机质肥料和钾肥少，易出现缺钾症；地温低，日照不足，土壤过湿、施氮肥过多等阻碍对钾的吸收。

3. 诊断要点

注意叶片发生症状的位置，如果是下部叶和中部叶出现症状可能缺钾；生育初期，当温度低，保护地栽培时，气体障碍有类似的症状，要注意区别；同样的症状，如出现在上部叶，则可能是缺钙。

4. 防治方法

施用足够的钾肥，特别是在生育的中、后期不能缺钾；出现缺钾症状时，应立即追施硫酸钾等速效肥。亦可进行叶面喷施 1%~2%的磷酸二氢钾水溶液 2~3 次。

(四) 缺钙

1. 症状

植株矮小，未老先衰，茎端营养生长缓慢；侧根尖部死亡，呈瘤状突起；顶叶的叶脉间淡绿或黄色，幼叶卷曲，叶缘变黄失绿后从叶尖和叶缘向内死亡；植株顶芽坏死，但老叶仍绿。

2. 发生原因

氮多、钾多或土壤干燥，阻碍对钙的吸收；空气湿度小，蒸发快，补水不足时易产生缺钙；土壤本身缺钙。

3. 诊断要点

仔细观察生长点附近的叶片黄化状况，如果叶脉不黄化，呈花叶状则可能是病毒病；生长点附近萎缩，可能是缺硼。但缺硼突然出现萎缩症状的情况少，而且缺硼时叶片扭曲，这一点可以区分是缺钙还是缺硼。

4. 防治方法

土壤钙不足，增施含钙肥料；避免一次施用大量钾肥和氮肥；要适时浇水，保证水分充足；应急措施：用 0.3% 的氯化钙水溶液喷洒叶面。

(五) 缺镁

1. 症状

豇豆在生长发育过程中，下部叶叶脉间的绿色渐渐地变黄，进一步发展，除了叶脉、叶缘残留点绿色外，叶脉间均黄白化。

2. 发生原因

土壤本身含镁量低；钾、氮肥用量过多，阻碍对镁的吸收。尤其是大棚栽培更明显。

3. 诊断要点

生育初期至结荚前，若发生缺绿症，缺镁的可能性不大。可能是与在保护地里由于覆盖，受到气体的障碍有关；缺镁的叶片不卷缩。如果硬化、卷缩应考虑其他原因；认真观察发生缺绿症叶片的背面，要看是否是螨害、病害；缺镁症状与缺钾症状相似，区别在于缺镁是从叶内侧失绿；缺钾是从叶缘开始失绿。

4. 防治方法

土壤诊断若缺镁，在栽培前要施用足够的含镁肥料；避免一次过量施用阻碍对镁吸收的钾、氮等肥料；应急对策：用1%～2%硫酸镁水溶液喷洒叶面。

（六）缺锌

1. 症状

从中部叶开始褪色，与健康叶比较，叶脉清晰可见；随着叶脉间逐渐褪色，叶缘从黄化到变成褐色；节间变短，茎顶簇生小叶，株形丛状，叶片向外侧稍微卷曲，不开花结荚。

2. 发生原因

光照过强易发生缺锌；若吸收磷过多，植株即使吸收了锌，也表现缺锌症状；土壤 pH 值高，即使土壤中有足够的锌，但其不溶解，也不能被作物所吸收利用。

3. 诊断要点

缺锌症与缺钾症类似，叶片黄化。缺锌多发生在中上部叶，缺钾多发生在中下部叶；缺锌症状严重时，生长点附近节间短缩。

4. 防治方法

不要过量施用磷肥；缺锌时可以施用硫酸锌，每亩用 1～1.5kg；应急对策：用硫酸锌 0.1%～0.2%水溶液喷洒叶面。

（七）缺硼

1. 症状

植株生长点萎缩变褐干枯。新形成的叶芽和叶柄色浅、发硬、易折；上部叶向外侧卷曲，叶缘部分变褐色；当仔细观察上部叶叶脉时，有萎缩现象；荚果表皮出现木质化。

2. 发生原因

土壤干燥影响对硼的吸收，易发生缺硼；土壤有机肥施用量少，在土壤 pH 值高的田块也易发生缺硼；施用过多的钾肥，影响了对硼的吸收，易发生缺硼。

3. 诊断要点

从发生症状的叶片的部位来确定，缺硼时症状多发生在上部叶；叶脉间不出现黄化；植株生长点附近的叶片萎缩、枯死，其症状与缺钙相类似。但缺钙叶脉间黄化，而缺硼叶脉间不黄化。

4. 防治方法

土壤缺硼，预先施用硼肥；要适时浇水，防止土壤干燥；多施腐熟的有机肥，提高土壤肥力；应急对策：用 0.12%~0.25% 的硼砂或硼酸水溶液喷洒叶面。

（八）缺铁

1. 症状

幼叶叶脉间褪绿，呈黄白色，严重时全叶变黄白色干枯，但不表现坏死斑，也不出现死亡。

2. 发生原因

碱性土壤、磷肥施用过量或铜、锰在土壤中过量易缺铁；土壤过干、过湿，温度低，影响根的活力，易发生缺铁。

3. 诊断要点

缺铁的症状是出现黄化，叶缘正常，不停止生长发育；检测土壤 pH 值，出现症状的植株根际土壤呈碱性，有可能是缺铁；在干燥或多湿等条件下，根的功能下降，吸收铁的能力下降，会出现缺铁症状；植株叶片是出现斑点状黄化，还是全叶黄化，如是全叶黄化则缺铁。

4. 防治方法

尽量少用碱性肥料，防止土壤呈碱性，土壤 pH 值应为 6~6.5；注意土壤水分管理，防止土壤过干、过湿；应急对策：用硫酸亚铁 0.1%~0.5% 水溶液。

(九) 缺钼

1. 症状

植株生长势差，幼叶褪绿，叶缘和叶脉间的叶肉呈黄色斑状，叶缘向内部卷曲，叶尖萎缩，常造成植株开花不结荚。

2. 发生原因

酸性土壤易缺钼；含硫肥料（如过磷酸钙）的过量施用会导致缺钼；土壤中的活性铁、锰含量高，也会与钼产生拮抗，导致土壤缺钼。

3. 诊断要点

从发生症状的叶片的部位来确定，缺钼时症状多发生在上部（幼）叶；检测土壤 pH 值，出现症状的植株根际土壤呈酸性，有可能是缺钼；是否出现"花而不实"现象。

4. 防治方法

改良土壤，防止土壤酸化；应急对策：每亩喷施 0.05% ~ 0.1% 的钼酸铵水溶液 50kg，分别在苗期与开花期各喷 1~2 次。

三、豇豆过量施肥的危害与防治

(一) 过量施用化肥的危害

1. 豇豆质量下降

由于农田大量施用单元素化肥，其养分不能被作物有效地吸收利用。氮、磷、钾等一些化学物质易被土壤固结，使各种盐分在土壤中积累，造成土壤养分失调，部分地块的有害重金属含量和有害病菌量超标，导致土壤性状恶化，豇豆植株体内部分物质转化合成受阻，使其品质降低，超量施用化肥还容易使豇豆植株生长性状降低等。

2. 豇豆安全生产受到威胁

过量施用化肥极易使植株倒伏，而一旦出现倒伏，就必然导致减产；过量施用化肥还容易发生病虫害。施用过量的氮肥，会使植株抗病虫害能力减弱，易遭病虫的侵染，继而会增加防治病虫害的农药用量，直接威胁产品的安全性。一旦食用受污染的农产品，就会对人类身体造成严重威胁，引发中毒及诱发其他病症。

3. 浪费大量资源

化肥成本之所以居高不下，是因为生产原料紧缺。如果节约生产或合理使用化肥，就会缓解豇豆生产中能源浪费的状况。

（二）防止过量施用化肥的对策

随着现代农业科技的普及，越来越多的人已经认识到过量施用化肥会造成农产品品质下降、土壤功能退化、环境污染加剧及紧缺能源利用率低等一系列问题。解决这些问题的办法是加强全社会对过量施用化肥问题的关注，分析导致化肥过量施用的原因，采取切实可行的办法减少化肥的过量施用，以生物肥和有机肥取而代之，以提高土壤肥力和作物产量。

1. 提高对合理施用化肥的认识

各级政府和广大农户要充分认识过量施用化肥的危害，把合理施用化肥看成是牵一发而动全身的大问题。通过合理施肥，解决农业增产不增收、环境污染、作物品质下降、资源浪费严重等问题。要充分利用新闻媒体、网络和其他媒介在全社会大力宣传合理施用化肥的重要性，让合理施用化肥的意识牢牢根植于广大农民的意识之中。

2. 大力推广测土配方施肥技术

改变广大农户不合理的施肥方法，向广大农民普及科学施肥的理念和技术。加强和完善配方施肥中的各项技术措施，不断充实完善施肥参数，如单位产量养分吸收量、土壤养分利用率、化肥利用率等。在原来检测土壤、植物营养需求的基础上，新增水质、土壤有害物质、化肥农药污染等环境条件分析项目，优化配方施肥技术。同时，要增加有机肥在配方施肥中的比重，加大对微肥和生物肥的利用，协调大量元素与微量元素之间的关系。通过合理施肥，既保证豇豆植株旺盛生长，促使增强抗病和防病能力，提高产品产量和品质，又节省能源，保护环境，同时减少农民负担。

第六节　豇豆施肥技术

一、豇豆施肥的方式

豇豆植株前期对肥料需求量较低，一般情况下，施足基肥以后，在植株生长前期不需要追肥，充足基肥基本可满足生长需要。结荚后要求土壤有充足速效养分，包括各种矿物质元素，因为结荚后根系所吸收养分和水分以及叶片制造的光合产物大量流向嫩荚，相对来说，茎、叶和根本身分配量大大减少。不仅如此，茎和叶本身所贮藏矿物质营养此时也有相当一部分被转移到嫩荚中去，促进嫩荚伸长，使茎和叶自身处于营养缺乏状态，急需根系从土壤中吸收更多养分和水分弥补植株养分缺乏。在栽培管理上，此时是追肥关键时期。

（一）基肥

豇豆不耐肥，忌连作，最好选择三年内未种过豆科植物的地块。基肥以施用腐熟的有机肥为主，配合施用适当配比的复合、混肥料，如 15-15-15 含硫复合肥等类似的高磷、钾复合、混合肥比较适合于作豇豆的基肥选用。值得注意的是在施用基肥时应根据当地的土壤肥力，适量的增、减施肥量。

如果前茬作物施肥量较大，或土壤本身比较肥沃，则基肥可适当少施；如果土壤本身比较贫瘠，则基肥应适当多施。早春栽植豇豆时，应多施有机肥，这样不仅有利于提高早春地温，促进根瘤菌活动，有利于根系发育，而且在生长季节特别是中后期遇到连续多雨天气，植株也不会发生脱肥早衰现象。豇豆基肥于前一年秋季冬翻前撒施最宜，一般每亩施腐熟有机肥3 000～4 000kg、复合肥15kg。基肥撒施后，深耕20cm，耙平待播。

（二）追肥

豇豆肥水管理原则是前期（结荚前）适当控制肥水，防止植株徒长而影响豇豆开花和坐荚；结荚后，结合浇水、开沟，追施腐熟的有机肥1 000kg/亩或者施用20-9-11含硫复合肥等类似的复合、混合肥料5～8kg/亩，以后每采收两次豆荚追肥一次，尿素5～10kg/亩、硫酸钾5～8kg/亩，或者追施17-7-17含硫复合肥等类似的复混肥料8～12kg/亩。除此之外，在生长盛期，根据豇豆的生长现状，适时用0.3%的磷酸二氢钾进行叶面施肥，同时为促进豇豆根瘤提早共生固氮，可用固氮菌剂拌种。

直播地块在采收1遍后，可进行第1次追肥，一般每亩追施尿素5～7kg。以后每采收2次豇豆施1次肥料，肥料及施肥量同上。为延长豇豆采收期，提高豇豆产量，可在采收期结束前5～6d继续给植株以充足的水分和养分，这样可促进植株自基部向上继续开花结荚，从侧枝抽生花芽，或在已采收豆荚的花序上继续开花结荚。豇豆为无限生长型作物，如水肥管理和温度适宜，可连续开花结荚，直至停止生长。

二、豇豆春露地栽培的施肥技术

华北地区豇豆春秋两季栽培，春豇豆是豇豆的主要栽培季节。春播一般在4月下旬至5月上旬。

(一) 整地施肥

豇豆不宜连作，最好选择 3 年不种豆类作物的田块种植。春豇豆一般在冬前就进行土壤深翻晒垡，春季结合施底肥进行浅耕，做到精细整地，以提高土壤保水保肥能力，改良土壤肥力。豇豆的根瘤菌不很发达，加之植株生长初期根瘤菌固氮能力较弱，为了促进前期生长发育，应施用充足的有机肥料作基肥，增施磷肥对豇豆有明显的增产效果。每亩基肥用量为有机肥料 5 000kg 以上，过磷酸钙 25~30kg，草木灰 50~75kg 或硫酸钾 10~20kg，深耕前施入迟效性肥料。北方多做成平畦，畦宽约 1.3m。

(二) 适期播种

春露地豇豆播种宜在当地断霜前 7~10d，地下 10cm 处地温稳定在 10~12℃时进行。直播过早，地温低，发芽慢，遇低温阴雨，种子容易发霉烂种，或因出苗后受到晚霜危害而造成缺苗或冻死，成苗差。播种过晚，则会因植株生育期推迟而影响早期产量。

(三) 肥水管理

豇豆在开花结荚之前，对肥水要求不高，如肥水过多，蔓叶生长旺盛，开花结荚节位升高，花序数目减少，侧芽萌发，形成中、下部空蔓。因此前期宜控制肥水抑制生长，当植株开花结荚以后，就要增加肥水，促进生长，多开花，多结荚。豆荚盛收开始，需要更多肥水时，如脱肥脱水，就会落花落荚。因此要连续追肥，促进翻花，延长采收，提高产量。齐苗及抽蔓期追肥每亩用优质人粪尿 1 000kg，当植株进入初花期，每亩追肥优质人粪尿 1 000kg，尿素 3kg，过磷酸钙 15kg、氯化钾 7kg，以后每采收两次豆荚追肥一次，尿素 5~10kg/亩、硫酸钾 5~8kg/亩，直至收获结束。

三、大棚豇豆春季早熟栽培的施肥技术

（一）适时播种

大棚豇豆春季早熟栽培，既可直播也可育苗。大棚直播，在土温稳定10℃时即可播种。育苗期由大棚定植时间来确定，苗龄一般为20~25d。棚内气温达到10℃时可定植，一般在3月中下旬在温室育苗，4月上旬在大棚定植。育苗时营养土可用腐熟人粪土2份、马粪4份、表土4份过筛混合而成。

（二）整地施肥

豇豆附生根瘤菌较少，固氮力弱，生产期长，连续结果能力强，需要养分较多，移栽定植前应深翻25cm，并施足腐熟有机肥3 000~5 000kg/亩，混合过磷酸钙45~50kg/亩，草木灰50~70kg/亩。

（三）肥水管理

大棚栽培豇豆，光照弱、温度高、肥力足，营养生长旺盛。豇豆定植后浇缓苗水，深中耕，蹲苗5~8d，促进根系发达。豇豆在开花结荚前肥水过多，易徒长，开花节位升高，花序数目减少。在肥水管理上要先控后促，防止落叶徒长和早衰。一般出现花蕾后可浇小水，再中耕。初花期不浇水，到结荚10~13cm时开始浇水，以后3~4d浇一水，结荚期2~3d浇一水，盛果期以后2~3d浇一水。在架豇豆插架前和地豇豆开花前，需追施硫酸铵15kg/亩；在结荚期每10~15d追肥一次，每次施硫酸铵15~20kg/亩。可在开花后晴天追施二氧化碳气肥，施后2h适当通风；豇豆生长后期植株衰老，根系老化，为延长结荚，可喷0.2%的磷酸二氢钾进行叶面施肥。

四、日光温室豇豆栽培的施肥技术

(一) 茬口安排

春提早栽培，一般在 12 月中下旬至 1 月中旬播种育苗，1 月上中旬至 2 月上中旬定植，3 月上旬前后开始采收，一直采收到 6 月。秋延后栽培，一般 8 月中旬至 9 月上旬播种育苗或直播，10 月下旬开始上市。冬春茬栽培一般在 10 中旬播种，春节前后形成批量商品。

(二) 培育壮苗

在温室内南北向做畦，深翻 30cm，畦宽 1.3m，然后用 3 年未种过豆科作物的园土与腐熟有机肥（干羊粪或鸡粪）按 1:1 比例混合过筛，再拌入 50%多菌灵可湿性粉剂 8g/m³，撒在整平的床面上；或将园土过筛与腐熟过筛的羊粪按 1:1 比例混合，再拌入多菌灵 80g/m³，甲基托布津 60g/m³，营养土配好后装入营养钵内，营养土装至营养钵口下 2cm，然后将营养钵放入畦内。先将床土或育苗钵浇透水，每穴或每钵播 3~4 粒种子，然后用筛过的细土覆盖 2cm 厚。出苗后注意温度管理，定植前 10 天开始锻炼秧苗。

(三) 整地施肥

日光温室豇豆生长期长，需肥量大，应重施基肥，一般每亩施腐熟鸡粪 3 500kg 以上，过磷酸钙 50kg，草木灰 100kg 或硫酸钾 25kg。鸡粪全部撒施，磷钾肥集中施于垄下。一般采用高垄栽培，覆盖地膜。

(四) 水肥管理

在浇好定植稳苗水的基础上，秋冬茬缓苗期连浇 2 次水；冬春茬分穴浇 2 次水，缓苗后沟浇 1 次大水，此后全面转入中耕、蹲苗、保墒，严格控制浇水。

　　追肥应在施足基肥的基础上，根据植株长相和需肥规律并结合天气来进行。一般在引蔓前结合中耕每亩施三元复合肥 15kg；开花结荚期进行第 2 次中耕培土，每亩施三元复合肥 15kg、氯化钾 10kg，或用 50%人粪水淋施；此后视植株生长情况每隔 7~10d 追肥 1 次，追肥量同上。为提高结荚率，可于盛花期喷施 0.2%硼砂溶液 1~2 次。结荚后期可用 0.2%的磷酸二氢钾进行叶面施肥。

第五章 豌豆科学施肥技术

第一节 豌豆的植物学特征及生长发育特点

豌豆又叫荷兰豆、青荷兰豆、小寒豆、淮豆、麻豆、青小豆、留豆、金豆、回回豆等。豆科豌豆属一年生或两年生草本攀缘植物。在我国华北、西北、东北为一年生作物。是豆科中以嫩豆粒或嫩豆荚供菜食的蔬菜。中国南方主要食用嫩梢、嫩荚和嫩籽以作菜用。近年来北方开始作蔬菜栽培，主要食用嫩豆荚。

一、豌豆的植物学特征

（一）根

豌豆具有豆科植物典型的直根系和根瘤菌。主根发达，侧根细长分枝多。直根深入土中 1~2m，其上着生大量细长侧根。侧根主要集中在地表下 20cm 土壤耕作层。根部在一生中都保持较强的吸收功能，吸收难溶性化合物的能力较强。幼苗期根系生长比较慢，开始分化花芽时，根系生长达到高峰期，开花前根系长势迅速减弱，豆荚发育时稍有增强，到豆荚膨大时趋于停止。

根部有根瘤菌，多集中在土壤表层 1m 以内。根瘤菌若于播前经培养而接种到种子后，能增加青荚和豆粒的重量。豌豆的根瘤发达，根系对土壤贫瘠有较强的忍耐能力。由于根瘤菌的固氮作用，每亩豌豆可比一般蔬菜减少25kg的硫酸铵。

（二）茎

豌豆的茎为草质茎，通常由四根主轴维管束组成，因此外观呈方形轮廓。中空而脆嫩，呈绿色或黄绿色，少数品种的茎上有花青素沉积。表面光滑无绒毛，多被以白色蜡粉。豌豆茎上有节，节是叶柄、花荚和分枝的着生处，一般早熟矮秆品种节数较少，晚熟高秆品种节数较多。

豌豆茎上的分枝特性因品种而异。矮生种节间短，直立，株高20~30cm，分枝性弱，节数较少，一般从茎基端分2~3侧枝。蔓生种节间长，半直立或缠绕须立支架，高1~2m，分枝性强，在茎基部和茎的中下部叶腋处都能生侧枝，侧枝上又能再生侧枝，都能开花结荚。分枝还与日照及温度条件有关，短日照下，晚熟品种比早熟品种反应明显，温度较低时下位分枝增加，温度较高时上位分枝增加。分枝多少也与播种期有关，春茬上位分枝多，秋冬茬下位分枝多。

（三）叶

豌豆出苗时子叶不出土，主茎基部1~3节着生的真叶为单生叶，4节以上为羽状复叶，叶互生，淡绿至浓绿色，或兼有紫色斑纹，具有蜡质或白粉。每片复叶由叶柄和1~3对小叶组成，顶生子叶变为卷须，能互相缠卷。复叶叶柄基部两侧着生有耳状的托叶两片，托叶呈心脏形，基部抱茎。在个体发育中，复叶经历1对小叶、2对小叶和3对小叶的阶段。中间节位复叶上的小叶较多。复叶的叶面积通常自基部向上逐渐增大，至第一花节处达到最大，以后随节数增加而逐渐减小。

小叶形状呈卵圆形、椭圆形、极少数为菱形。小叶全缘或下部有锯齿状裂痕。小叶的大小因品种和栽培条件的不同而异，通常为长1.5~6cm，宽1cm左右，小粒品种叶片较小，大粒品种叶片较大。

(四) 花

豌豆的花序为总状花序，腋生。每花序上着生 1~2 朵花，偶有 3~6 朵。始花的节数，矮生种 3~5 节，蔓生种 10~12 节，高蔓种 17~21 节，始花后一般每节都有花。花白色或紫色，单生或对生于叶腋处，亦有短总状花序，着生 1~3 朵花。花萼钟状，花冠蝶形，花冠由一片圆形的旗瓣，两片翼瓣和由两个花瓣愈合而成的龙骨瓣组成。上面一片花瓣最阔，向外翻转，如同扬开之旗帜，称为旗瓣；两侧的 2 片向两面张开，酷似蝴蝶的双翅，称为翼瓣；下方的 2 片更小，其边缘联合，包裹覆盖着雌雄蕊，其形状宛如舟船之龙骨，叫龙骨瓣。一朵花中有雄蕊 10 枚，其中 9 枚基部相连，1 个分离，雄蕊之筒包被子房。雌蕊一枚，也仅一室，胚珠单行互生于二平行胎座上，柱头下端有毛，成为花柱之刷，花柱与子房垂直。故在开花或保护地栽培时，都能完全自花结实。

天然自花授粉，开花前一天就已经完成受精过程。在干燥和炎热条件下，雌蕊可能露出龙骨瓣而导致杂交，异交率 10% 左右。每株花期持续 20~30d，一朵花开放 2~3d，每朵花受精后 2~3d 即可见到小荚，气温高于 26℃ 时受精不良。

(五) 荚果与种子

豌豆的花受精后，子房迅速膨大形成荚，经过 15~20d，荚果逐渐伸长、鼓粒至饱满。豌豆的荚果是由单心皮发育而成的两扇荚皮组成的。硬荚类型的荚皮内层由坚韧的革质层组成，软荚类型的荚皮内层无革质层，柔软可食。荚果浓绿色或黄绿色，豆荚内果皮含叶绿素。荚圆棍形或扁形，荚面平滑，少数食荚豌豆的荚面皱缩，凹凸不平。豌豆荚长多为 2.1~12.5cm。

每个荚内含 3~12 粒种子，一般 4 粒或 5 粒。种子球形、圆形稍有棱角或桶形，表皮光滑或皱缩。种子单行互生于腹缝两侧，种皮有白、黄、绿、紫、黑等色。种子千粒重 150~180g。种子发芽年限为 3~4 年。

二、豌豆的生长发育特点

豌豆整个生育期可分为发芽期、幼苗期、抽蔓期和开花结荚期。

（一）发芽期

从种子萌动到第一片真叶出现。根系生长与茎叶生长同步。豌豆种子发芽时子叶不出土，因此播种深度可比子叶出土的菜豆、豇豆等深些。种子萌发时，首先下胚轴伸长形成初生根，突破种皮伸入土中，成为主根。初生根伸长后，上胚轴向上生长，胚芽突破种皮，露出地表，几天后第 1 片基生叶展开即为发芽期的结束。豌豆一般采用干籽直播，土壤需要有充足的水分，但水分不宜过多，特别是在早春播种时，否则容易引起种子腐烂。发芽期的温度直接影响发芽的快慢，5~10cm 地温稳定在 5℃以上时，种子就正常发芽，发芽适温为 8~20℃。发芽期约需要 10d。

（二）幼苗期

从第一片真叶出现到抽蔓前。幼苗期可以形成 4~6 片真叶同时进行根、茎的生长，幼苗期根系生长较缓慢，在幼苗期的后期开始有根瘤发生。幼苗期的长短也因播种季节而异，春季播种 20~25d。

（三）抽蔓期

从主蔓伸长，生成具有 2 对或 3 对小叶的复叶，先端出现卷须，茎部发生侧枝，直到植株现蕾。这一时期春播一般为 15~20d。秋播时可持续 40~45d。此期间，地上部和根系的营养生长十分旺盛，根部着生大量根瘤，并从3~5片真叶期开始发生侧枝。豌豆开花结荚的多少主要取决于分枝出现的早晚和长势的强弱，另外还与土壤肥力、种植密度、品种及栽培管理措施等有关。长日照、气温低（10℃左右）时，侧蔓发生较早且多。气温较高时（15~20℃），侧蔓发生晚，上位分枝较多。种子低温处理后，多数品种分枝变少。种子萌动后低温长日照下可以提早抽出花序。早发生的侧枝长势强，大多数能开花结荚。

豌豆花芽分化的开始期与发枝期基本一致，春播豌豆播种后30~40d开始花芽分化。单朵花从分化到成花需15~20d。豌豆花芽的着生与分枝密切相关，一般情况下，主枝的第一花序着生在高节位分枝节的上方，第1侧枝上的第一花序也生在二次侧枝的节位上方，而第一花序以上各节可连续着生花序。

（四）开花结荚期

从开始开花到采收嫩荚结束或籽粒成熟。因其边开花边结荚，所以整个开花结荚期需50~60d。一般主枝和枝条下部的花早开，侧枝和枝条上部的花较晚开。同一花序上基部一朵花能正常结荚，先端一朵花常因营养不足而发育不良，最终脱落。每株花期持续20~30d，一朵花开放2~3d，每朵花受精后2~3d即可见到小荚，坐荚后嫩荚迅速肥大，10d左右嫩荚基本长成，以后籽粒很快发育肥大。这一时期的生长特点是，花芽开始分化时根系生长达到高峰期，开花前根系长势迅速减弱，从开花到采收前，茎蔓继续生长，进入采收期，株高增长缓慢下来，到采收盛期，植株基本停止生长，根瘤也开始大量死亡。

第二节 豌豆生长发育对环境条件的要求

一、温度

豌豆为半耐寒性蔬菜，喜温和凉爽湿润气候，不耐炎热干燥，耐寒能力较强，圆粒种比皱粒种更耐寒。豌豆在我国各地均可种植，在寒温带地区夏播栽培，在暖温带地区冬播栽培，在气候寒暖适中地区则既可春播，也可秋种。

圆粒品种的种子在1~2℃时开始发芽，皱粒品种在3~5℃时开始发芽。种子发芽出土最低温度为1~5℃，最适温度为16~18℃。温度低发芽慢，如在4℃时48d才发芽，在18℃时3~4d就可发芽。高于25℃以上发芽出苗率降低。

幼苗期适应低温能力很强，幼苗能忍耐-5~-4℃的低温。茎叶生长适温为12~16℃，在这个温度范围内，温度稍低，可提早花芽分化，温度高特别是夜温高，花芽分化延迟，节位升高。幼苗也能适应较高的温度，但25℃以上时生长势弱，容易染病。

开花期的最低温度为8~12℃，开花结荚期适温为15~18℃。0℃时花粉就能发芽，但花粉管伸长很慢，5℃时发芽率高，伸长也快，20℃左右时伸长最好。开花期如遇短时间0℃低温，开花数减少，但已开放的花基本上能结荚。0℃以下的低温下，花和嫩荚易受冻害。25℃以上的高温下，受精率低，结荚少，夜高温影响尤甚。嫩荚成熟期适温18~20℃，适温下嫩荚质量鲜嫩、甜美。温度超过25℃时，生长不良，产量减少，品质降低。

二、光照

豌豆多数品种为长日照植物，延长日照时间能提早开花，相反则延迟开花。但不同品种对日照长短的敏感程度不同。据我国初步研究结果表明，北方品种对日照长短的反应比南方品种敏感；红花品种比白花品种敏感；晚熟品种比早中熟品种敏感。因此，从北方往南方引种时，应引早中熟品种，切不可引晚熟品种。豌豆还有不少品种对日照长短不敏感。无论在长日照或短日照下都能开花，但在长日照、低温条件下，能促进花芽分化，缩短生育期。南方品种北引种植，都能提早开花。

豌豆是喜光作物，整个生育期都需要有充足的光照，尤其是开花结荚期，充足的光照可以促进开花坐荚和荚果的发育。如果生长期间多阴天或田间通风透光不好，植株生长不良，嫩荚或豆粒的产量下降。冬季棚室栽培，往往有光照不足的问题，需要采取一些措施来增加光照强度，提高棚室栽培的产量和质量。

三、水分

豌豆要求中等湿度，不耐旱不耐湿。适宜的土壤湿度为田间最大持水量的70%左右，适宜的空气相对湿度为60%左右。豌豆的根系较深，耐旱能力稍强，但不耐空气干旱。因此，豌豆的耐旱能力不如菜豆、豇豆、扁豆等豆类蔬菜。

豌豆各生育阶段对水分要求不一。豌豆种子发芽时需吸收种子自身重量1~1.5倍的水分。当土壤水分不足时，会延迟出苗期，如果土壤水分过大，则播种后易烂种。幼苗期能忍耐一定的干旱，这时控水蹲苗有利于发根壮苗。

在生长发育后期，每形成一单位干物质需水800倍以上。因此，豌豆在生长发育过程中，必须有充足的水分供应，才能生长良好，荚大粒饱。如果在生育期中遇到干旱，会严重影响产量。空气干燥，开花就减少。高温干旱最不利于花朵的发育。土壤干旱加上空气干燥，花朵迅速凋萎，大量落花落蕾。因此，开花期遇干热风会发生严重落花问题，群众常称之为"风花"或"旱花"。植株生长期空气湿度大，土壤含水量高，通透性差，易烂根，易发生白粉病，花朵受精率低，空荚和秕荚多。开花期适宜的空气湿度为 60%~90%。在成熟期间如果遇上多雨天气，也会延迟成熟，降低产量。

四、土壤

豌豆对土壤适应性较广，对土壤要求不严，各种土壤均能生长，较耐瘠薄。但在疏松透气、有机质含量较高的中性土壤生长良好。在盐碱地以及低洼积水地上则不能正常生长。在腐殖质过多的土壤上种植时，常造成茎叶徒长而影响籽实产量。根系和根瘤菌生长的适宜 pH 值为 6.7~7.3。pH 值大于 8 时，影响根瘤生长。pH 值低于 6.5 时，固氮能力降低，植株矮小瘦弱、叶片小而黄并且从下往上脱落。pH 值小于 4.7 则不能形成根瘤。在栽培中要注意施用磷肥和钾肥，以及采用根瘤菌接种，土壤保持湿润，不宜过干或过湿。由于豌豆根系分泌物会影响次年根瘤菌的活动和根系生长，所以豌豆忌连作。

第三节　豌豆各生育需肥、吸肥特点

一、豌豆对营养元素的吸收

豌豆籽粒蛋白质含量较高，生长期间需供应较多的氮素。据分析，每生产 100kg 豌豆籽粒需吸收氮约 3.1kg，磷约 0.9kg，钾约 2.9kg。所需氮、磷、钾之比大约为 1:0.29:0.94，从出苗到开花吸收的氮素约占全生育期吸收量的 40%，始花到终花约 59%，终花到完熟约 1%；磷吸收量分别为 30%、36% 和 34%；钾吸收量分别为 60%、23% 和 17%。钙的吸收量分别为 40%、45% 和 15%。各时期干物质的形成量分别为 30%、50%

和 20%。

豌豆根瘤菌能固定土壤中及空气中的氮素，所以对氮肥的需求相对较少。但在苗期根瘤菌的数量还比较少，固氮能力较弱，仍需要施入一定的氮肥，促使幼苗健壮和根瘤形成。开花结荚期由于生长发育旺盛，补充一定的氮肥利于花芽分化，增加有效分枝和双荚数。豌豆一生中对三要素的吸收量，以氮素最多、钾次之、磷最少。由于豌豆与根瘤共生，能从空气中固定氮素供给植株 2/3 的氮素需要，因此只需在生长前期追施少量氮素化肥，后期注意磷、钾、微肥供应即可满足需要。

磷肥能促进根瘤生长、分枝和籽粒发育。早期供应充足的磷能促进根瘤的生长。豌豆进入开花期对磷素的吸收迅速增加，花后 15~16d 达到高峰。磷肥不足，植物叶片呈浅蓝绿色无光泽、植株矮小、主茎下部分枝极少、花少、果荚成熟推迟。

钾肥可增强豌豆的耐寒力，促进光合产物的运输、蛋白质合成和籽粒肥大。植株对钾的需求量在开花后迅速增加，至花后 31~32d 达到高峰（比磷晚），后期需钾量下降也比磷慢。试验研究表明，施钾可明显促进食荚豌豆的生长发育，增加单株分枝数和单株荚数，提高鲜荚产量，改善鲜荚品质。缺钾时，植株矮小，节间短，叶缘褪绿，叶卷曲，老叶变褐枯死。

豌豆对钙素的吸收在嫩荚迅速伸长时期达到高峰，钙有提高植株抗病性和防止叶片脱落等作用。缺钙时，植株叶脉附近出现红色凹陷斑并逐渐扩大，幼叶褪绿，继而变黄变白，植株萎蔫。

硼在植株体内参与碳水化合物的运输，调节体内养分和水分的吸收。钼是固氮酶和硝酸还原酶必需的组成成分。硼和钼都有促进根瘤菌的形成和生长，提高固氮能力的作用。镁是叶绿体结构的成分，还是许多酶的激活剂，缺镁时，叶绿体片层结构破坏，施镁可以改善豌豆的光合状况。因此，在开花结荚期采用根外喷施硼、镁、钼、锌等矿物元素，往往有明显的增产效果。

二、豌豆发芽期吸肥需肥特点

豌豆发芽期指从种子萌动到第一片真叶出现。此时根系生长与茎叶生长同步，所需养分主要依靠子叶分解，不需要吸收外界营养，随生长的进行，子叶养分耗尽，植株即进入自养阶段。

三、豌豆苗期吸肥需肥特点

豌豆苗期主要指第一片真叶出现到主枝抽蔓现蕾。底肥充足苗色正常一般不需要追肥。豌豆的根瘤具有固氮能力，但在幼苗期的后期才开始有根瘤发生，因此，在土壤速效氮含量较低的瘦地上，此期应适当追施一定量的氮肥作为提苗肥，否则会影响幼苗正常生长。钾能增强茎秆组织结构强度，提高抗旱、耐病、抗倒伏和抗寒的能力，还能增加豌豆的根瘤数，增强固氮能力。如果土壤中缺钾，可以在苗期田间撒施草木灰，或增施速效钾肥。

四、豌豆结荚期吸肥需肥特点

豌豆开花结荚初期的生长特点是，花芽开始分化时根系生长达到高峰期，开花前根系长势迅速减弱，从开花到采收前，茎蔓继续生长，进入采收期，株高增长缓慢下来，到采收盛期，植株基本停止生长，根瘤也开始大量死亡。豌豆开花结荚初期，有大量根瘤形成，固氮能力最强，此时应尽量避免施用过多氮肥，以防止由于根瘤菌的惰性作用，使固氮量相对减少。在第1花序嫩荚坐住后，应注意追施一定的氮肥和钾肥，可以促使植株发生分枝，分化花芽，减少落花，提早开花结荚。后期植株对氮磷钾的需求都达到高水平，开始采收时是需肥水最多的时期，此时除吸收大量的磷钾肥外，还需适量氮肥。由于此时期根系从土壤中吸收磷钾和其他营养元素的能力降低，可采用叶面喷施营养元素的方法进行追肥。

第四节　不同种类肥料对豌豆生长发育、产量、品质的影响

"庄稼一枝花，全靠肥当家。"在无公害豌豆生产中，化肥作为主要施用肥料无可替代，但大量施用化肥已致使土壤结构遭受严重破坏，也同样出现严重的化学残留。施用有机肥对改良土壤理化性状具有明显作用，是实现土地肥力保持和农业可持续发展的必需途径。尤其是在保护地栽培中，为提高豌豆品质，宜大力推广施用有机肥。因此，合理施用有机肥和化肥，是促进豌豆生长，提高豌豆产量和品质的重要措施。

一、有机肥对豌豆生长发育和产量的影响

有机肥不仅能源源不断地提供豌豆生长发育所需的养分，还有改良土壤结构，提高土壤保水性能和改善通气状况，促进根瘤生长，提高根瘤菌活力的效果。有机肥不同施肥水平对豌豆的经济性状和产量均有影响。高肥水平处理下，豌豆生长势旺盛，株高、单荚重等均有增加，光合速率高，产量高（表5-1）。豌豆生产中应用的有机肥主要是鸡粪或猪粪，一般作基肥施用，春豌豆亩产600kg以上的田块，一般每亩施有机肥3 000~4 500kg。

表5-1　不同有机肥施用水平豌豆经济性状及产量

处理 （kg/hm²）	密度 （株/hm²）	株高 （m）	单株 荚数	鲜荚重 （g）	鲜荚产量 （kg）
45 000	6.41×10⁴	2.39	25	8.2	9 400b
52 500	6.41×10⁴	2.42	28.8	8.2	10 467ab
60 000	6.41×10⁴	2.47	27.8	8.3	10 733ab
67 500	6.41×10⁴	2.45	28.2	8.5	12 600a

不同有机肥对豌豆开花期、结荚期、始收期影响也较大。目前在蔬菜中生产中应用的有机肥有鸡粪、猪粪和腐殖酸有机肥，其中使用腐殖酸有机肥的效果最好，比单一施用化肥或有机无机复混肥生产效果要好。

二、氮肥和磷肥对豌豆生长发育和产量的影响

由于根瘤菌固定的氮素能满足豌豆生长期需氮总数的60%~70%，其余30%~40%的氮素在土壤肥力较好的情况下，由根系从土壤中吸收。因此，栽培豌豆不要大量施用氮肥。氮肥施用量要根据土壤质地、土壤肥力、气候条件以及施肥地块的根瘤生长情况而定。增施磷肥可以增加豌豆苗期株高、根瘤数，每株荚数、每荚粒数显著增加，增产幅度大。云南省玉溪市农业科学院对氮肥和磷肥在豌豆上的应用做了大量的研究。

（一）氮肥和磷肥用量及施肥方法对菜豌豆根瘤和根系的影响

在盛花期，菜豌豆单株根瘤干重，受氮肥施用量多少、种肥施用氮肥比例和磷肥比例大小的影响较明显。单株根瘤干重随着施氮量的增加而降低，与高水平施氮降低豌豆结瘤的表现相一致，但随着种肥施磷比例的增加而提高；种肥不施用氮肥时单株根瘤干重最大，当施用5%的氮肥时就会明显降低；追肥次数多少对单株根瘤干重的影响不明显。单株根系干重，以施氮量40kg/亩的较高，而以施氮量30kg/亩和50kg/亩的较低；种肥施用氮肥比例大小对根系干重影响不明显；种肥施用磷肥比例的大小对根系干重影响较为明显，表现为根系干重随着种肥施用磷肥比例增加而提高的趋势，全部磷肥作种肥施用时单株根瘤干重最大。

（二）氮肥和磷肥用量及施肥方法对菜豌豆产量的影响

氮素不同用量对菜豌豆产量有明显影响。小荚豆以施氮量

40kg/亩的较高；甜脆荚豆由于单位面积产量比小荚豆高，因此甜脆荚豆以施氮量50kg/亩的较高。

在施肥方法中，追肥次数对菜豌豆的产量差异不明显。种肥以不施用氮素肥料的产量最高，其次是施用5%比例，最低的是施用10%比例；以100%磷肥作种肥的施用方法产量最高，其次是50%磷肥作种肥的施用方法（种肥和追肥各半），最低的是磷肥不作种肥施用而100%作追肥施用。其中，小荚豆菜豌豆，种肥不施氮肥比施用5%比例和10%比例的增产量均达到极显著水平；磷肥50%和100%作种肥施用与全部作追肥施用的也达到极显著水平，磷肥100%作种肥施用又与50%作种肥施用的增产量达显著水平。氮肥作种肥施用导致菜豌豆减产，分析其主要原因是产生了肥害（影响出苗或出现烧苗现象），虽然采取了补种措施，但这部分苗的生长受到了一定的影响；而磷肥作种肥施用对菜豌豆苗的肥害较小，并且影响不明显，因此能明显提高产量。说明氮肥不宜作菜豌豆的种肥施用，而磷肥可作种肥施用。

（三）不同施肥技术对菜豌豆产量的影响

不同施肥技术对菜豌豆产量有显著的影响。对于小荚豆类和甜脆荚豆类的菜豌豆来讲，均以施氮50kg/亩、种肥不施氮肥、追肥15次、磷肥分种肥和追肥各半施用的处理施肥技术的产量最高；其次是施氮40kg/亩、种肥不施氮肥、追肥12次、磷肥100%作种肥施用的处理施肥技术。而产量最低的不是施氮量最低的，是施氮量较高的。对于小荚豆类和甜脆荚豆类菜豌豆的施肥技术，以 N 40~50kg/亩，P_2O_5 4kg/亩，K_2O 5kg/亩的施肥结构，并采用种肥不施氮肥、追肥12~15次、磷肥50%~100%作种肥施用的施肥技术，菜豌豆产量最高。

三、钾肥对豌豆生长发育和产量的影响

钾肥有壮秆抗倒伏和增强植株耐旱力等作用。钾肥可作基肥，随有机肥和磷肥一块施入土壤。也可作追肥在花荚期喷施。张家口市坝上农科所对钾肥在豌豆上的应用进行过深入研究。

（一）施用钾肥对食荚豌豆生育特性的影响

试验表明（表5-2），施用钾肥各处理的7~8片真叶期提前1~4d，开花期提前3~5d，成荚期提早4~6d，拉蔓期推迟3~4d。可见，施用钾素化肥能明显地促进食荚豌豆生长发育，使其早开花、早结荚，同对还增强了食荚豌豆生长后期的生活力，推迟拉蔓期，从而使鲜荚采收期增加7~10d。

表5-2　食荚豌豆施钾生育特性记载　　　（日/月）

生育期	对照	亩施 K_2O 量（kg）			
		3.0	5.0	7.0	9.0
7~8片真叶期	14/6	13/6	12/6	10/6	11/6
开花期	30/6	27/6	27/6	25/6	26/6
成荚期	8/7	4/7	4/7	2/7	3/7
拉蔓期	9/8	12/8	12/8	13/8	13/8

（二）施用钾肥对食荚豌豆经济性状及品质的影响

调查结果显示（表5-3），施用钾肥的4种处理对食荚豌豆的单株荚数有显著影响，对照的单株荚数为21.6个，施用钾肥各处理的单株荚数均达到或超过22.8个。同时，施用钾肥可促进食荚豌豆单株分枝，增加单株分枝数，施钾各处理的单株分枝数均高于对照。另外，施用钾肥对食荚豌豆的品质也有一定影响，可明显减少弯曲荚和颜色暗黑荚，提高鲜荚的商品率。各处理鲜荚商品率均超过对照。施用钾肥对食荚豌豆的其他性状如株高、单荚重没有明显影响。显然，施用钾素化肥不但可以使食荚

豌豆的单株荚数和单株分枝数显著增加，而且还可以使食荚豌豆鲜荚品质得到改善，减少弯曲荚和颜色暗黑荚，提高鲜荚商品率。

表 5-3 食荚豌豆施钾性状表现

亩施 K_2O 量 (kg)	株高 (cm)	单株分枝数 (个)	单株荚数 (个)	单荚重 (g)	鲜荚商品率 (%)
0 (CK)	170	2.4	21.6	1.3	90
3.0	171	2.5	22.8	1.4	95.4
5.0	170	2.7	25.1	1.3	95.8
7.0	171	3.4	30.9	1.3	96.3
9.0	170	2.9	26.1	1.3	90.2

(三) 施用钾肥对食荚豌豆产量的影响

试验结果显示（表 5-4），施用钾肥的 4 种处理对食荚豌豆的鲜荚产量较对照均有增产效果，增产幅度为 18.0~168.0kg，增产率为 3.8%~35.4%。施用钾肥的处理与对照相比，产量差异达极显著水平。可见，施用钾肥能够协调食荚豌豆的营养状况，促进其生长发育，具有明显的增产效果。

表 5-4 食荚豌豆施钾产量结果

亩施 K_2O 量 (kg)	小区产量 (kg)				折亩产 (kg)	亩增鲜荚 (kg)	比对照增减 (%)	位次
	I	II	III	平均				
0 (CK)	22.7	25.8	22.6	23.7	474			5
3.0	25.6	22.3	25.9	24.6	492	18	3.8	4
5.0	26.4	28	25.4	26.6	532	58	12.2	3
7.0	31.6	32.4	32.2	32.1	642	168	35.4	1
9.0	26.3	27.2	26.6	26.7	534	60	12.7	2

四、锰肥对豌豆生长发育和产量的影响

在幼苗期、现蕾期、开花期和结荚期喷施 0.05% ~ 0.1% 浓度的硫酸锰溶液，对豌豆的开花、结荚、荚长、单株粒重和百粒重都有明显的促进作用，浓度超过 0.1% 反而起到抑制作用，各项指标都呈现出下降并维持在一定的水平上，可能叶面喷施一定量的锰元素已经能满足豌豆生长的需要，高浓度反而造成浪费并且促进作用反而降低。在幼苗期施锰对豌豆的生长影响不大，而在开花期施锰则效果最好，尤其是在开花数、结荚数和百粒重等指标都表现出开花期施锰是最佳时期，可能锰对花粉的萌发有促进作用，且能提高坐果率和结荚率。因此，在豌豆生长的现蕾期和开花期叶面喷施 0.1% ~ 0.2% 的硫酸锰溶液能促进豌豆的生长和产量的增加。

第五节　豌豆营养元素失调症状及防治

一、豌豆营养元素失调的诊断方法

豌豆营养诊断就是以矿质营养原理为理论依据，以化学分析方法为主要手段，对生长着的豌豆植株（主要是叶组织）及其立地的根际土壤进行有关营养元素的取样、分析测定，以确认其营养元素含量的多少、各元素间的含量比例及土壤障碍因子等，是具体地指导豌豆合理施肥和防治缺素症的基础，是在各种条件下尽快有效地改善豌豆营养状况和生长发育状况，最充分地利用光能和地力、最大限度提高单产和产品质量的科学依据，也是衡量农业生产和科学技术现代化的标志之一。

豌豆植株出现病态症状的原因很多，对生长发育过程中出现

的异常现象可从以下几个方面分析。

第一，与病虫害是否有关；

第二，有无其他非病虫原因，如施肥灼伤、旱涝、低温高温、光照过强或过弱、污染中毒等；

第三，该品种在各个生长时期有无形态上的变化；

第四，是否是因营养元素失调所致。

如不属于前三种原因，就可肯定是营养元素失调所致的。

营养失调引起的生理病害与由病毒、病菌引起的侵染性病害不同。营养失调植株往往散布全园，甚至邻近也发生相似症状，其病变部位常与叶脉有关，沿叶脉在叶脉间或沿叶缘发生，每片叶上症状相似而且散布面较广。病虫为害症状则一般与叶脉无关，叶片之间相似程度较小，为害较集中，但病毒病有时难以与营养失调症状区分。确定是生理病害后，再诊断所缺元素和分析缺素原因。

关于豌豆营养诊断的方法现在主要有形态诊断、化学诊断和施肥诊断。

（一）形态诊断

作物外表形态的变化是内在生理代谢异常的反映，作物处于营养元素失调时，与某元素有关的代谢受到干扰而紊乱，生育进程不正常，就会出现异常的形态症状。对于植物来说，一般氮肥多，植株生长快，叶长而软，株型松散；氮肥不足，生长慢，叶短而直，株型紧簇。有经验的农民根据植株相貌就知道肥料过多或过少，什么时期要有什么相貌才是正常的、高产的。叶色也是一个很好的形态指标。这是因为：第一，叶色是反映作物体内营养状况（尤其是氮素水平）最灵敏的指标。功能叶的叶绿素含量，与其含氮量的变化基本上是一致的。叶色深，氮和叶绿素含量均高；叶色浅，两者均低。所以生产上常以叶色作为氮肥施用的指标。第二，叶色是反映植株体内代谢类型的良好指标。叶色深的植株，由于体内氮素积累多，生长快，光合产物大多数运到新生器官，同时消耗大量碳水化合物以形成新的蛋白质，所以，这时植株的代谢以氮代谢，即扩大型代谢为主。叶色浅的植株，其体内含氮量低，生长慢，光合产物大多数仍然以碳水化合物形式分配到贮藏器官（茎、穗等）中，所以，这时植株的代谢以碳代谢，也即是贮藏型代谢为主。由此看来，叶色深浅是促控生长的预告信号。第三，叶色反应快，敏感。施用无机氮肥 3~5d 后叶色即变，比生长反应还快。所以根据形态症状及其出现部位可以推断哪种元素缺乏或者过剩。

形态诊断的最大优点是不需要任何仪器设备，简单方便，对于一些常见的有典型或特异症状的失调症，常常可以一望而知。但形态诊断有它的缺点和局限性，一是凭视觉判断，粗放、误诊可能性大，遇疑似症，重叠缺乏症等难以解决。二是经验型的，实践经验起着重要作用，只有长期从事这方面工作具有丰富经验的工作者才可能应付自如。三是形态诊断是出现症状之后的诊断，此时作物生育已显著受损，产量损失已经铸成，因此，对当季作物往往价值不高。

（二）植株化学诊断

作物营养失调时，体内某些元素含量必然失常，分析作物体内元素含量与参比标准比较作出丰缺判断，是诊断的基本手段之一。植株成分分析可分全量分析和组织速测两类，前者测定作物体元素的含量，目前的分析技术可能测定全部植物必需元素以及可能涉及的元素，精度高，所得数据资料可靠，通常是诊断结论的基本依据。全量分析费工费时，一般只能在实验室里进行。组织速测测定作物体内未同化部分的养分，都利用呈色反应、目测分级，简易快速，一般适于田头诊断，因比较粗放，通常作为是否缺乏某种元素的大致判断，测试的范围目前局限于几种大量元素如氮、磷、钾等，微量元素因为含量极微，精度要求高，速测难以实现。

1. 叶片分析诊断

以叶片为样本分析各种养分含量，与参比标准比较进行丰缺判断，是植株化学诊断的一个分支，叶分析是确定作物营养状态的有效技术。在营养可给性低的土壤上，叶分析特别有用；在营养可给性较高的土壤上则不很灵敏。诱导硝酸还原酶活性的方法可用来诊断植物的缺氮情况。用硝酸根来诱导缺氮植物根部或叶片中硝酸还原酶后做酶活性比较，诱导后酶活性较内源酶活性增高愈多，则表明植物缺氮愈严重。缺磷的植物，组织中的酸性磷酸酶活性高。磷酸酶的活性也可用于判断磷的缺乏程度。

以叶片的常规（全量）分析结果为依据判断营养元素的丰缺，这种方法已比较成熟。目前世界各国都广泛采用，获得显著成效。

2. 组织速测诊断

用速测方法测定植株新鲜组织的养分作丰缺判断，是一种半定量性质的分析测定，被测定的养分是尚未同化或已同化但仍游离的大分子养分，结果以目视比色判断。此法最大的特点是快速，通常可在几分钟或几十分钟内完成一个项目的测试。组织速测一般以供试组织碎片直接与提取剂、发色剂一起在试管内反应呈色；或者把组织液滴于比色板或试纸上与试剂作用呈色，后者所需试剂极少，又叫"点滴法"。运用组织速测进行诊断，在技术上应注意：取样要选择对某元素反应敏感的部位，以最能反映缺乏状况（养分浓度最低）的为适宜部位；养分划分等级要少，一般分缺乏、正常、丰富三级足够，等级少，级差大，利于判断，细分无益；作点滴法测试所用样本少，重复次数要多，以减少误差；要注意相关元素的测定，如作缺磷作物的诊断，可同时测氮，因缺磷植株 $NO_3^- - N$ 的含量通常偏高，对结果判断有帮助；应把测定结果结合作物长相、形态症状、土壤条件、栽培施肥等因素作综合分析。

（三）土壤化学诊断

测定土壤养分含量与参比标准比较进行丰缺判断。作物需要的矿质养分基本上都是从土壤中吸取，产量高低的基础是土壤的养分供应能力，所以土壤化学诊断一直是指导施肥实践的重要手段。根据土壤养分含量与作物产量关系划分养分等级，通常分三级，以高、中、低表示，高——施肥不增产；中——不施肥可能减产，但幅度不超过 20%～25%；低——不施肥显著减产，减产幅度>25%。土壤养分临界值与植株养分临界值不同之处是后者极少受地域、土壤的影响，而土壤临界值则受土壤 pH 值、质地等的显著影响。

土壤化学诊断与植物化学诊断比较各有长处和缺点。对耕作土壤进行分析，一是有预测意义，在播种前测定可以预估缺什么，从而可及早防范；二是作为追究作物营养障碍的原因，探明是土壤养分不足，或者某种元素过多而抑制作物正常生长，以及是否存在元素间的颉抗作用等。而这些都是植株分析所无法实现的。所以植株分析和土壤分析在一般诊断中都是结合进行，互为补充，相互印证，以提高诊断的准确性。

（四）施肥诊断

施肥诊断是对作物施用拟试的某种元素，直接观察作物对被怀疑元素的反应，结果可靠。

1. 根外施肥诊断

将拟试元素肥料以根外施肥即叶面喷洒、涂布、叶脉浸渍注射等供给作物。这类方法主要用于微量元素缺乏症的应急诊断。技术上应注意：所用的肥料或试剂应该是水溶、速效的，浓度一般不超过 0.5%，对于铜、锌等毒性较大的元素有时还需要掺加与元素盐类同浓度的生石灰作预防。

2. 土壤施肥诊断

将拟试元素施于作物根部，以不施肥作对照，观察作物反应作出判断，除易被土壤固定而不易见效的元素如铁之外，大部分元素都适用。如为探测土壤可能缺乏某种或几种元素，可采用抽减试验法：根据需要检测的元素，在施完全肥料（N、P、K 拟试元素肥料）处理基础上，设置不加（即抽减）待测元素的处理，同时检测几种元素时则设置相应数量的处理，再外加一个不施任何肥料的空白处理，其试验处理数是 N（需要检测元素数）+2。结果以不施某元素处理与施全量肥料处理比较，减产达显著水准，表明缺乏，减产程度可说明缺乏的程度。

（五）酶学诊断

许多植物必需元素是酶的组成成分和活化剂，当缺乏某种元素时，与该元素有关的酶活性或数量就发生变化。酶法诊断最有价值的一点在于它能提早诊断时期，由于酶是元素缺乏的最早反应物。其次，酶促反应灵敏度高，对有些元素如钼，因作物体内含量甚微，常规方法测定比较麻烦，酶测定法不直接测钼可以避开这种麻烦。再者，酶促与元素含量相关性良好，所以酶学诊断是一种有发展前途的诊断法。

二、豌豆缺素症状及防治

（一）缺氮

1. 症状

根系和植株地上部生长受抑制，株矮、直立而瘦弱，叶和托叶小而黄，花很少，叶早衰，从下往上脱落。

2. 发生原因

土壤本身含氮量低；种植前施大量没有腐熟的作物秸秆或有机肥，碳素多，其分解时夺取土壤中氮；土壤冷凉或呈酸性，根瘤菌不活跃，就会缺氮；产量高，收获量大，从土壤中吸收氮多而追肥不及时。

3. 诊断要点

从上部叶，还是从下部叶开始黄化，从下部叶开始黄化则是缺氮；注意茎蔓的粗细，一般缺氮蔓细；定植前施用未腐熟的作物秸秆或有机肥短时间内会引起缺氮。

4. 防治方法

施用新鲜的有机物（作物秸秆或有机肥）作基肥要增施氮素或施用完全腐熟的堆肥。也可叶面喷施 0.2%~0.5%尿素液。

（二）缺磷

1. 症状

植物叶片呈浅蓝绿色无光泽、植株矮小、主茎下部分枝极少、花少、果荚成熟推迟。

2. 发生原因

堆肥施量小，磷肥用量少易发生缺磷症；温度低，对磷的吸收就少，大棚等保护地冬春或早春易发生缺磷。

3. 诊断要点

注意症状出现的时期，由于温度低，即使土壤中磷素充足，也难以吸收充足的磷素，易出现缺磷症。在生育初期，叶色为浓绿色，后期下部叶变黄，出现褐斑。

4. 防治方法

施用足够的堆肥等有机质肥料；豌豆苗期特别需要磷，要特别注意增施磷肥，可叶面喷施 2%过磷酸钙浸出液 2~3 次。

（三）缺钾

1. 症状

在豌豆生长早期，叶缘出现轻微的黄化，在次序上先是叶缘，然后是叶脉间黄化，顺序明显；植株矮小、节间短，随着叶片不断生长，叶缘褪绿，叶向外侧卷曲，老叶变褐枯死。

2. 发生原因

土壤中含钾量低，而施用堆肥等有机质肥料和钾肥少，易出现缺钾症；地温低，日照不足，土壤过湿、施氮肥过多等阻碍对钾的吸收。

3. 诊断要点

注意叶片发生症状的位置，如果是下部叶和中部叶出现症状可能缺钾；生育初期，当温度低，保护地栽培时，气体障碍有类似的症状，要注意区别；同样的症状，如出现在上部叶，则可能是缺钙。

4. 防治方法

施用足够的钾肥，特别是在生育的中、后期不能缺钾；出现缺钾症状时，应立即追施硫酸钾等速效肥。亦可进行叶面喷施1%~2%的磷酸二氢钾水溶液2~3次或0.5%草木灰浸出液。

（四）缺钙

1. 症状

植株矮小，茎端营养生长缓慢；侧根尖部死亡，呈瘤状突起；叶缘腐烂，然后变成黑色，植株叶脉附近出现红色凹陷斑并逐渐扩大，严重时侧脉附近叶出现红斑。幼叶褪绿继而变黄变白，幼茎、花柄和叶组织甚至植株萎蔫。

2. 发生原因

土壤本身缺钙；氮多、钾多或土壤干燥，阻碍对钙的吸收；空气湿度小，蒸发快，补水不足时易缺钙。

3. 诊断要点

仔细观察生长点附近的叶片黄化状况，如果叶脉不黄化，呈花叶状则可能是病毒病；生长点附近萎缩，可能是缺硼。但缺硼突然出现萎缩症状的情况少，而且缺硼时叶片扭曲，这一点可以区分是缺钙还是缺硼。

4. 防治方法

土壤钙不足，增施含钙肥料；避免一次施用大量钾肥和氮肥；要适时浇水，保证水分充足；也可用 0.3% 的氯化钙水溶液喷洒叶面。

（五）缺镁

1. 症状

豌豆在生长发育过程中，下部叶叶脉间的绿色渐渐地变黄，进一步发展，除了叶脉、叶缘残留点绿色外，叶脉间均黄白化。

2. 发生原因

土壤本身含镁量低；钾、氮肥用量过多，阻碍对镁的吸收，尤其是大棚栽培更明显。

3. 诊断要点

生育初期至结荚前，若发生缺绿症，缺镁的可能性不大。可能是与在保护地里由于覆盖，受到气体的障碍有关；缺镁的叶片不卷缩。如果硬化、卷缩应考虑其他原因；认真观察发生缺绿症叶片的背面，要看是否是螨害、病害；缺镁症状与缺钾症状相似，区别在于缺镁是从叶内侧失绿；缺钾是从叶缘开始失绿。

4. 防治方法

土壤诊断若缺镁，在栽培前要施用足够的含镁肥料；避免一次施用过量的、阻碍对镁吸收的钾、氮等肥料；也可用 1%~2% 硫酸镁水溶液喷洒叶面。

（六）缺锌

1. 症状

从中部叶开始褪色，与健康叶比较，叶脉清晰可见；随着叶脉间逐渐褪色，叶缘从黄化到变成褐色；节间变短，茎顶簇生小叶，株形丛状，叶片向外侧稍微卷曲，不开花结荚。

2. 发生原因

光照过强易发生缺锌；若吸收磷过多，植株即使吸收了锌，也表现缺锌症状；土壤 pH 高，即使土壤中有足够的锌，但其不溶解，也不能被作物所吸收利用。

3. 诊断要点

缺锌症与缺钾症类似，叶片黄化。缺锌多发生在中上部叶，缺钾多发生在中下部叶；缺锌症状严重时，生长点附近节间短缩。

4. 防治方法

不要过量施用磷肥；缺锌时可以施用硫酸锌，每亩用 1 ~ 1.5kg；或者用硫酸锌 0.1% ~ 0.2% 水溶液喷洒叶面。

（七）缺硼

1. 症状

植株生长点萎缩变褐干枯。新形成的叶芽和叶柄色浅、发硬、易折；上部叶向外侧卷曲，叶缘部分变褐色；当仔细观察上部叶叶脉时，有萎缩现象；荚果表皮出现木质化。

2. 发生原因

土壤干燥影响对硼的吸收，易发生缺硼；土壤有机肥施用量少，在土壤 pH 值高的田块也易发生缺硼；施用过多的钾肥，影响了对硼的吸收，易发生缺硼。

3. 诊断要点

从发生症状的叶片的部位来确定，缺硼时症状多发生在上部叶；叶脉间不出现黄化；植株生长点附近的叶片萎缩、枯死，其症状与缺钙相类似。但缺钙叶脉间黄化，而缺硼叶脉间不黄化。

4. 防治方法

土壤缺硼，预先施用硼肥；要适时浇水，防止土壤干燥；多施腐熟的有机肥，提高土壤肥力；用 0.3% ~ 0.5% 的硼砂或硼酸水溶液喷洒叶面。

（八）缺铁

1. 症状

幼叶叶脉间褪绿，呈黄白色，严重时全叶变黄白色干枯，但不表现坏死斑，也不出现死亡。

2. 发生原因

碱性土壤、磷肥施用过量或铜、锰在土壤中过量易缺铁；土壤过干、过湿，温度低，影响根的活力，易发生缺铁。

3. 诊断要点

缺铁的症状是出现黄化，叶缘正常，不停止生长发育；检测土壤 pH 值。出现症状的植株根际土壤呈碱性，有可能是缺铁；在干燥或多湿等条件下，根的功能下降，吸收铁的能力下降，会出现缺铁症状；植株叶片是出现斑点状黄化，还是全叶黄化，如是全叶黄化则缺铁。

4. 防治方法

尽量少用碱性肥料，防止土壤呈碱性，土壤 pH 值应为 6～6.5；注意土壤水分管理，防止土壤过干、过湿；用硫酸亚铁 0.1%～0.5%水溶液喷洒叶面。

（九）缺钼

1. 症状

植株生长势差，幼叶褪绿，叶缘和叶脉间的叶肉呈黄色斑状，叶缘向内部卷曲，叶尖萎缩，常造成植株开花不结荚。

2. 发生原因

酸性土壤易缺钼；含硫肥料（如过磷酸钙）的过量施用会导致缺钼；土壤中的活性铁、锰含量高，也会与钼产生拮抗，导致土壤缺钼。

3. 诊断要点

从发生症状的叶片的部位来确定，缺钼时症状多发生在上部

（幼）叶；检测土壤 pH 值，出现症状的植株根际土壤呈酸性，有可能是缺钼；是否出现"花而不实"现象。

4. 防治方法

改良土壤，防止土壤酸化；每亩喷施 0.05%～0.1%的钼酸铵水溶液 50kg，分别在苗期与开花期各喷 1～2 次。

三、豌豆过量施肥的危害与防治

（一）豌豆过量施用有机肥的危害与防治

1. 过量施用有机肥的危害

通常的观点认为，有机肥是安全的。一般认为，大量施用有机肥可改良土壤，使沙土变得肥沃、黏土变得疏松易耕，此外，还可协调土壤中空气与水分的比例，从而有利于作物根系的生长和对水分、养料的吸收。有机肥料养分含量低，对作物生长影响不明显，不像化肥容易烧苗，而且土壤中积聚的有机物有明显改良土壤作用，有些人就错误地认为有机肥只要腐熟好了，多施能更好地促进土壤团粒结构的形成，促进蔬菜的生长，不会对蔬菜产生危害。实际上，蔬菜对有机肥的需求量也是有限度的，有机肥并不是施用越多越好，施多了也是一种浪费，还会增加成本，使整体效益下降。过量施用有机肥会影响豌豆的根系吸水，引起烧根，僵苗不发，叶片畸形，严重时豌豆逐渐萎蔫而枯死。

2. 防止过量施用有机肥的措施

（1）推广平衡施肥　从控制肥料总用量着手，以减轻或避免肥害。在蔬菜科学施肥手段尚未完善之前，控制肥料用量要以中档水平为宜，不要片面追求高产而盲目施肥。

（2）革新施肥法　菜田在施用有机肥料时，必须采用分层施用、全层深施的方法，以达到土肥融合，使肥料均匀分布于整个耕作层。同时注意施肥要适当浇水，保持土壤湿润，降低溶液浓度，不致引发肥害。

（3）施用有机肥　发酵法是把各种肥料混拌均匀，再加水湿润，用黄泥封住或用塑料覆盖，使其温度达 30℃ 左右。一般经 1 个月即可发酵完毕。高温法是将粪肥在 60~70℃ 条件下经 1h 左右就能消灭病菌和虫卵，在粪肥内加五氯硝基苯、托布津、多菌灵、福美双等杀菌剂及敌百虫、辛硫磷等杀虫剂效果更好。

（4）化学调控　一旦出现有机肥害，在豌豆发生肥害较轻时，可用敌克松、多菌灵等杀菌剂混配爱多收、生根剂等灌根处理 1~2 次，可控制病情。此外，用清洁水冲施，稀释肥料浓度也有一定的作用。

（5）对于种植多年的大棚，鸡粪、鸭粪等有机肥亩施用量应控制在 15m³ 左右，少施或不施复合肥，但要结合使用生物菌肥，以增加土壤透气性，解盐害肥害。对于新建大棚，因为土壤养分含量低，菜农可适当增加有机肥施用量，每亩配合施用 50kg 左右的复合肥，并根据作物需求，适当补充硼、锌等中微量元素，平衡土壤营养，降低投入，为高产创造条件。

（二）豌豆过量施用化肥的危害与防治

1. 过量施用化肥的危害

过量施用化肥不仅使土壤肥力迅速下降，严重影响豌豆品质，破坏了环境，因化学物残留也危害人体健康。

（1）土壤质量状况变差　化肥中不含有机质、腐殖质，因此大量施用化肥，土壤由于有机质和腐殖质的缺乏，土壤团粒结构遭到破坏，造成土壤板结，还造成土壤的有益菌、蚯蚓的大量死亡。以及土壤中某些元素的过分积累和土壤理化性质的变化及环境的污染。

（2）豌豆产量降低、品质下降　过量施用化肥容易使豌豆植株生长性状降低，极易使植株倒伏，而一旦出现倒伏，就必然导致减产；由于豌豆生长不仅仅需要氮、磷、钾，同时还需要钙、铁、锌、硒等许多微量元素，而化肥一般成分比较单一，所以长期使用化肥必然导致土壤中所含养分趋于单一，氮、磷、钾等一些化学物质易被土壤固结，使各种盐分在土壤中积累，造成土壤养分失调，部分地块的有害重金属含量和有害病菌量超标，导致土壤性状恶化，豌豆植株体内部分物质转化合成受阻，使其品质降低。

（3）易发生病虫害，安全生产受到威胁　过量施用氮肥，会使植株抗病虫害能力减弱，易遭病虫的侵染，继而会增加防病虫害的农药用量，直接威胁豌豆产品的安全性。一旦食用受污染的豌豆产品，就会对人类身体造成严重威胁，引发中毒及诱发其他病症。

（4）加剧环境污染，危害人体健康　过量施用化肥，当肥料量超过土壤保持能力时，就会迁移至周围的土壤中，形成农业面源污染。过量的化肥还会渗入 20m 以内的浅层地下水中，使地下水硝酸盐含量增加，若长期饮用此类水源就会危害人类的身体健康。大量施用化肥，易使蔬菜中硝酸盐含量超标，而亚硝酸盐与胺类物质结合形成 N-亚硝酸基化合物为强致癌物质。

（5）给农民带来严重的收入损失　我国农户习惯凭传统经验施肥，全国有 1/3 农户对作物过量施肥，导致农民种地投入不断增加。如果长期过量施用化肥，只会增加成本而不增加产量，产品品质低劣，使农民收入增加缓慢甚至降低其收入。

（6）浪费大量资源　化肥成本之所以居高不下，是因为生产原料紧缺。如氮肥主要以石油为原料，现在则以煤和天然气为主，这些都是我国紧缺的资源。而且每年化肥生产还要消耗大量高品质的磷矿石，而磷矿石也已列入国土资源部 2010 年后的紧缺资源之列。如果节约生产或合理使用化肥，就会缓解豌豆生产中能源浪费的状况。

2. 防止过量施用化肥的对策

随着现代农业科技的普及，越来越多的人已经认识到过量施用化肥会造成农产品品质下降、土壤功能退化、环境污染加剧及紧缺能源利用率低等一系列问题。解决这些问题的办法是加强全社会对过量使用化肥问题的关注，分析导致化肥过量施用的原因，采取切实可行的办法，减少化肥的过量施用，以生物肥和有机肥取而代之，以提高土壤肥力和作物产量。

（1）提高对合理施用化肥的认识　各级政府和广大农户要充分认识过量施用化肥的危害，把合理施用化肥看成是牵一发而动全身的大问题。通过合理施肥，解决农业增产不增收、环境污染、作物品质下降、资源浪费严重等问题。要充分利用新闻媒体、网络和其他媒介在全社会大力宣传合理施用化肥的重要性，让合理施用化肥的意识牢牢根植于广大农民的意识之中。

（2）大力推广测土配方施肥技术　改变广大农户不合理的施肥方法，向广大农民普及科学施肥的理念和技术。加强和完善配方施肥中的各项技术措施，不断充实完善施肥参数，如单位产量养分吸收量、土壤养分利用率、化肥利用率等。在原来检测土壤、植物营养需求的基础上，新增水质、土壤有害物质、化肥农药污染等环境条件分析项目，优化配方施肥技术。同时，要增加有机肥在配方施肥中的比重，加大对微肥和生物肥的利用，协调大量元素与微量元素之间的关系。通过合理施肥，既保证豌豆植株旺盛生长，促使增强抗病和防病能力，提高产品产量和品质，又节省能源，保护环境，同时减轻农民负担。

第六节　豌豆施肥技术

一、豌豆施肥的方式

(一) 基肥

豌豆主根发育早而迅速，播种后 6d 幼苗尚未出土前，主根便伸长 6～8cm，播后 10d 幼苗刚出土时，已有 10 多条粗的根系，20d 刚展开两个复叶时，主根可长达 16cm 左右。豌豆是豆类中喜肥的作物，虽然有根瘤，但固氮作用很弱。在根瘤菌未发育的苗期，利用基肥中的速效性养分来促进植株生长发育很有必要。所以，基肥要特别强调早施。北方春播宜在秋耕时施基肥，南方秋播也应在播前整地时施基肥，以保证苗全和苗壮。基肥的深度通常在耕作层，可以和耕土混合施，也可以分层施用。基肥宜用迟效性的腐熟堆肥，不宜用太多氮肥做种肥，以避免烂种。一般每亩施有机肥 3 000～5 000 kg、过磷酸钙 25～30kg、尿素 10kg、氯化钾 15～20kg 或草木灰 100kg。

豌豆根系对土壤氧气的要求较高，施用未腐熟鸡粪或其他有机肥，将导致土壤还原气体增加，氧气减少，引起烂种和根系过早老化，对产量的影响很大。所以施基肥要注意选择完全腐熟的有机肥。

(二) 追肥

播种后 30d 左右，在豌豆开始花芽分化时，如果没有施足基肥，豌豆表现出缺肥症状，应及时进行追肥，每亩追施 20%～30% 的稀人畜粪尿约 1 500kg，也可在每 1 000kg 稀粪中加入硫酸钾 4～5kg。及早进行追肥增产效果明显，但苗期施过多氮肥，会使豌豆徒长，因此，是否追肥应根据植株长势而定。

在开花结荚期需肥量最大，豌豆结荚期的营养主要是从根部吸收来的，有一部分是从茎叶中转运过去的，而且开花结荚期较长。根据豌豆的长势，可在开花始期进行第 1 次追肥，一般施尿素 5kg、氯化钾 5kg 或三元复合肥 15~20kg，结合浇水；第 2 次追肥可在坐荚后进行，每亩追尿素 7.5kg，氯化钾 7.5kg 或三元复合肥 20~25kg，同时结合浇水。冬春季节地温低，追施肥时要混施一定量的优质腐殖酸，或用优质水冲肥代替，以减少单用化肥对根系的伤害。

（三）叶面施肥

幼苗发育期应叶面追施磷肥、钾肥、锌肥、钼肥等。豌豆苗期特别需要磷，要特别注意增施磷肥，可叶面喷施 1%~3% 过磷酸钙浸出液 2~3 次；1%~2% 的磷酸二氢钾水溶液 1~2 次；0.05%~0.1% 的钼酸铵水溶液 1~2 次。

在开花结荚期喷施硼、锰、钼等微量元素肥料，增产效果显著。用 0.3%~0.5% 的硼砂或硼酸水溶液，0.02%~0.05% 的钼酸铵水溶液喷洒叶面。

盛花期和终花期用尿素、硫酸铵、过磷酸钙浸出液等进行叶面喷施。尿素的适宜浓度为 0.2%~0.5%，硝酸钾、硝酸铵、硫酸铵、硫酸钾的适宜浓度为 0.2%~0.4%，过磷酸钙浸出液的适宜浓度为 1%~3%，磷酸二氢钾的适宜浓度为 1%~2%。

叶面喷肥应在无风的晴天进行，最好喷后有 3~4d 的晴天，以傍晚喷施最好，早晨露水干后也可喷施。第一次喷后每隔 7~10d 喷一次，连续喷 3~4 次。喷施的肥液应现配现用，不可久放。

二、豌豆春季露地栽培的施肥技术

在华北地区大多春播夏收，3 月下旬播种，5 月下旬至 6 月中旬收获。

（一）合理轮作倒茬

因豌豆根部的分泌物会影响根瘤菌的活动和根系生长，引起生长发育不良，所以不要与豆科作物连作，以进行 3~4 年的轮作为宜。尤其白花品种比紫花品种更忌连作，轮作年限应再长些。豌豆还可与蔬菜或粮食作物进行间套栽培。我国南方各省大多将荷兰豆作为水稻、甘薯、玉米的前后作，或者与小麦混种。在北方它适于在畦埂种植或与茄果类及瓜类间作，特别适宜与玉米等高秆作物间作套种。

（二）整地施肥

豌豆的主根发育早，生长迅速。通常，在播种后 6~7d，幼苗出土之前，主根即可伸长 6~8cm；幼苗出土时，就可长出 10 多条侧根。在整个幼苗期，根系的生长速度也明显快于地上部分。但是，豌豆的根系与其他豆类作物相比，还是较弱小的。因此，为了促进根系的发育，必须创造一个良好的土壤环境。要做到精细整地，早施基肥，以保证苗全苗壮，多施基肥也有明显的增产作用。在北方春播时因播期较早，应在头年秋天整地施肥，以便于早春土壤化冻后及早播种，不误农时。前茬作物收获后，每亩施用有机肥 3 000~5 000kg，过磷酸钙 50~100kg，硫酸铵 10~15kg，氯化钾 15~20kg，将化肥与有机肥混合普施，深耕整平做畦。

（三）追肥

豌豆除施基肥外，还要进行适当的追肥，现蕾开花前浇小水，并追施速效性氮肥，促进茎叶生长和分枝，并可防止花期干旱。生长后期应以磷肥和钾肥为主，特别是磷肥。因为豌豆对不易溶解的磷肥有较高的利用率。磷肥可以促进豌豆籽粒成熟，还可以改善其软化品质，施用后增产、改善品质效果显著。一般第 1 次追肥在苗高 5~10cm 时进行。吐丝期结合灌水每亩施尿素

10~20kg，也可用人粪尿追肥。开花结荚期可结合浇水追施适当氮肥和磷肥，增加结荚数，一般施尿素5kg、氯化钾5kg或三元复合肥15~20kg，也可用浓度为1%~2%的磷酸二氢钾水溶液叶面喷施1~2次，对改善籽粒品质和增产都有效果。蔓生的软荚豌豆品种，生长期较长，一般应在采收期间再追施1次氮、钾肥，每亩追尿素7.5kg，氯化钾7.5kg或三元复合肥20~25kg，以防止早衰，延长采收期，提高产量。另外，豌豆在开花结荚期根外喷施磷肥及硼、锰、钼、锌等微量元素肥料，增产效果十分显著。

三、豌豆日光温室冬春茬栽培的施肥技术

（一）培育壮苗

豌豆温室栽培通常采用育苗移栽，而培育适龄壮苗是食荚豌豆获得优质高产的重要环节之一。适龄壮苗应具有4~6片真叶，茎粗节短。达到这样的苗龄在高温下（20~28℃）经20~25d，适温下（16~23℃）经25~30d，低温下（10~17℃）经30~40d。一般早春茬豌豆的播种期为12月中旬至翌年1月上旬左右，冬茬栽培豌豆主要以供应春节前后为生产目的，播种期应比早春茬早，比秋冬茬晚，一般在10月上中旬播种育苗或直接栽培，11月上中旬定植。

（二）整地做畦

每亩施优质农家肥5 000kg，过磷酸钙40~50kg，草木灰50~60kg，深翻20~25cm与土充分混匀。耙细整平后做畦。单行密植时，畦宽1米，栽1行；双行密植时，畦宽1.5米，栽2行；隔畦与耐寒叶菜间套作时，畦宽1米，栽2行。

（三）水肥管理

在越冬栽培中，气温较低，温室中蒸发量较小，无须多浇

水。一般结合追肥浇水。直播时，在苗高6~10cm时可酌情浇一次水。育苗定植时，浇定植水后，一般于现蕾前不浇水，以促进根系发育，保证植株健壮。当植株开始现蕾时，可进行第一次追肥和灌水，随水冲1次粪稀或化肥，每亩用复合肥15~20kg，也可每亩施人粪尿500~700kg。随后锄松地表进行1次浅中耕，以控秧促荚为主。第1花结成小荚至第2花刚谢，标志着进入结荚开花盛期，此时需肥水量较大，一般每10~15d喷1次肥水，每亩每次用氮磷钾复合把15~20kg，或尿素10~15kg，过磷酸钙20~25kg，并每亩追施草木灰50kg补充钾素。此期缺肥少水会引起大量落花、落荚。

豌豆生长期亦需充足二氧化碳供应，在越冬栽培中，二氧化碳亏缺问题也是很突出的。为此，也有必要进行二氧化碳施肥。

参考文献

陈新. 2013. 豆类蔬菜设施栽培［M］. 北京：中国农业出版社.

陈杏禹. 2005. 蔬菜栽培［M］. 北京：高等教育出版社.

葛晓光. 2002. 菜田土壤与施肥［M］. 北京：中国农业出版社.

黄照愿. 2007. 科学施肥［M］. 北京：金盾出版社.

孔庆全，徐利敏，张庆平，等. 2003. 豆类蔬菜无公害栽培技术［J］. 内蒙古农业科技（4）：42-43.

刘海河，张彦萍. 2012. 豆类蔬菜安全优质高效栽培技术［M］. 北京：化学工业出版社.

毛虎根，庞雄，孙玉英，等. 2005. 早春豆类蔬菜高效栽培技术［J］. 上海蔬菜（5）：47.

宋晓科，鲁艳华. 2012. 豇豆栽培技术［J］. 中国果菜（5）：24-25.

唐维超，刘晓波，包忠宪，等. 2014. 几种优质豆类蔬菜的高产栽培技术［J］. 南方农业（25）：29-32.

唐友全. 2015. 大棚豆类蔬菜标准化高产栽培技术［J］. 农民致富之友（12）：152.

王迪轩. 2014. 豆类蔬菜优质高效栽培技术问答［M］. 北京：化学工业出版社.

杨维田，刘立功. 2011. 豆类蔬菜高效栽培技术 [M]. 北京：
　　金盾出版社.

姚方杰. 2007. 豆类蔬菜栽培技术 [M]. 长春：吉林科学技
　　术出版社.

袁祖华，李勇奇. 2006. 无公害豆类蔬菜标准化生产 [M].
　　北京：中国农业出版社.

张振贤. 2003. 蔬菜栽培学 [M]. 北京：中国农业大学出
　　版社.